现代建筑施工技术
管理与研究

焦丽丽 著

北 京
冶 金 工 业 出 版 社
2019

内 容 简 介

本书共分 8 章,主要内容包括土木工程施工技术与管理、地基与基础工程施工技术与管理、钢筋混凝土工程施工技术与管理、屋面及防水工程施工技术与管理、建筑工程投资与进度控制管理、建筑工程项目的采购与资源管理、建筑工程施工项目质量控制与安全管理和基于 BIM 技术的现代建筑施工技术管理等。

本书可供建筑、施工行业的管理人员、研究人员和技术人员阅读,也可供大专院校相关专业的师生参考。

图书在版编目(CIP)数据

现代建筑施工技术管理与研究/焦丽丽著. —北京:冶金工业出版社,2019.11

ISBN 978-7-5024-8503-0

Ⅰ.①现… Ⅱ.①焦… Ⅲ.①建筑施工—技术管理—研究 Ⅳ.①TU712

中国版本图书馆 CIP 数据核字(2020)第 070352 号

出 版 人 陈玉千
地　　址　北京市东城区嵩祝院北巷 39 号　邮编　100009　电话　(010)64027926
网　　址　www.cnmip.com.cn　电子信箱　yjcbs@cnmip.com.cn
责任编辑　杜婷婷　美术编辑　郑小利　版式设计　禹　蕊
责任校对　石　静　责任印制　禹　蕊
ISBN 978-7-5024-8503-0
冶金工业出版社出版发行;各地新华书店经销;北京建宏印刷有限公司印刷
2019 年 11 月第 1 版,2019 年 11 月第 1 次印刷
169mm×239mm;11.25 印张;221 千字;174 页
68.00 元
冶金工业出版社　投稿电话　(010)64027932　投稿信箱　tougao@cnmip.com.cn
冶金工业出版社营销中心　电话　(010)64044283　传真　(010)64027893
冶金工业出版社天猫旗舰店　yjgycbs.tmall.com
(本书如有印装质量问题,本社营销中心负责退换)

前　言

　　建筑施工技术是研究建筑工程中主要工种工程的施工规律、施工工艺原理和施工方法的科学，即根据工程具体条件，选择合理的施工方案，运用先进的生产技术，达到控制工程造价、缩短工期、保证工程质量、降低工程成本的目的，实现技术与经济的统一。建筑施工管理是指施工项目从准备阶段到建设项目施工，最后到项目竣工验收、回访保修等全过程的管理活动，是一种具有特定目标、资源及时间限制和复杂的专业工程技术背景的一次性管理事业。建筑施工管理是施工企业管理的重要组成部分，也是建筑产品形成过程中的重要投入手段，对于提高建筑产品的质量水平、提高工程建设投资效益等起着巨大的保证作用。

　　在目前众多的建筑工程施工中，钢筋混凝土的施工占有很大比例。无疑，钢筋混凝土工程是建筑工程施工中的主要工种工程。钢筋混凝土工程施工是一个综合性的施工进程，施工中要合理组织、全面安排、紧密配合，精心施工作业，以加快施工速度、确保工程质量、减少浪费。

　　建筑工程项目的施工质量与安全是工程建设的核心内容，生产必须保证质量，注意安全是为了更好地生产。建筑工程质量反映了其满足现行国家及行业相关标准规定或合同约定要求的情况，包括使用功能、安全及其耐久性能、环境保护等方面所有明显和隐含能力的特性总和。明确施工安全生产职责、强化施工安全管理、建立健全建筑施工安全保障机制，是维持建筑事业持续、健康和稳定发展的重要保证和基础。建筑施工安全关系到改革发展和社会稳定的大局，关系到建筑施工人员的生命财产安全，意义重大。

　　本书在编撰过程中参考了相关书籍和文献资料，在此对有关作者表示诚挚的谢意。

　　由于作者水平所限，书中不妥之处，恳请广大读者批评指正。

作　者

2019 年 9 月

目　　录

第一章　土木工程施工技术与管理

作为建筑工程施工的主要分部工程，土方工程是所有建筑工程的开始。在大型建筑工程施工中，土方工程量大，施工条件复杂，施工中受气候条件、工程地质和水文地质条件等多方面的影响。因此，在施工之前，应该针对土方工程的施工特点，有针对性地制定施工方案。本章主要论述土方工程施工内容及土的性质、土方工程量计算及现场调配、土方机械化施工、土方填筑与压实和市政道路土方工程施工案例。

第一节　土木工程施工内容

一、土方工程施工内容

土方工程主要包括两大类：一是场地平整，完成"四通一平"。"四通"即施工现场水通、电通、路通、通信要通；"一平"是施工现场要平整，也就是施工中土方的挖、填工作。二是基坑、基槽及管沟、隧道和路基的开挖与填筑，在施工当中需要解决开挖前的降水、土方边坡的稳定、土方开挖方式的确定、土方开挖机械的选择和组织以及土壤的填筑与压实等方面的问题。

二、土的性质

土的工程性质会对工程施工产生直接的影响。基于此，在对土方量进行计算、对运土机具的类型和数量进行确定时，需要对土的可松性进行考量；在对基坑降水方案进行确定时，需要对土的渗透性进行考量；在对边坡稳定性进行分析、土方回填时，需要对土的含水量和密实度进行考量。

（一）土的可松性

可松性是指土处于自然状态下，在被挖掘之后体积会增大，在回填压实之后也不能令其恢复到原状的性质。在对土方工程量进行计算时，计算的是它自然状态下的体积，但是对土方挖运的计算是计算它的松散体积，与此同时，在对土方平衡进行调配、对填方所需挖方体积进行计算、对于基坑（槽）开挖时的留弃土量进行确定，以及对于挖、运土机具数量进行计算时，也需要对土的可松性进

行考量。基于此,可以用可松性系数对土的可松性程度进行表示,即:

最初可松性系数:

$$K_S = \frac{V_2}{V_1} \tag{1-1}$$

最终可松性系数:

$$K_S' = \frac{V_3}{V_1} \tag{1-2}$$

式中　K_S——最初可松性系数,是选择土方机械的重要参数;

　　　K_S'——最终可松性系数,是场地平整、土方填筑的重要参数;

　　　V_1——土在天然状态下的体积,m^3;

　　　V_2——土挖出后的松散状态下的体积,m^3;

　　　V_3——土经回填压实后的体积,m^3。

（二）土的渗透性

所谓土的渗透性,指的是土体中水渗流的性能,通常情况下用渗透系数来表示。换言之也就是单位时间内水透过土层的能力。通常情况下是需要进行试验才能够确定的,比较常见的渗透系数见表1-1。基于土的渗透系数的差异性,可以将其划分为透水性土（如砂土）和不透水性土（如黏土）。

表1-1　土的渗透系数

土 的 种 类	$K/m \cdot d^{-1}$
亚黏土、黏土	<0.1
含亚黏土的粉砂	0.5~1.0
纯粉砂	1.5~5.0
含黏土的粉砂	10~15
含黏土的中砂及纯细砂	20~25
含黏土的细砂及纯中砂	35~50
纯粗砂	50~75
粗砂夹卵石	50~100
卵石	100~200

在对地下水进行降排时,需要依据土层的渗透系数确定降水方案,并且依据土层的渗透系数计算涌水量;在填筑水方的过程当中,需要依据不同土层在渗透系数上的差异性对其铺填的顺序进行确定。

（三）土的天然含水量

土的含水量通常情况下用字母ω来表示,指的是土中水的质量和固体颗粒质量之比的百分率，用公式表示为：

$$\omega = \frac{m_{\mathrm{w}}}{m_{\mathrm{s}}} \times 100\% \tag{1-3}$$

式中　m_{w}——土中水的质量，kg；

　　　m_{s}——土中固体颗粒的质量，kg。

（四）土的天然密度和干密度

土的天然密度是指土在处于天然状态下的单位体积的质量。土的天然密度一般用字母 ρ 表示，计算公式为：

$$\rho = \frac{m}{V} \tag{1-4}$$

式中　m——土的总质量，kg；

　　　V——土的天然体积，m^3。

土的干密度是指单位体积中土的固体颗粒的质量，土的干密度通常情况下用 ρ_{d} 表示，计算公式为：

$$\rho_{\mathrm{d}} = \frac{m_{\mathrm{s}}}{V} \tag{1-5}$$

式中　m_{s}——土中固体颗粒的质量，kg；

　　　V——土的天然体积，m^3。

通常情况下，土的干密度越大，土就越密实。就工程上而言，一般在对土的密实程度进行评价时，会将土的干密度作为标准，进而对填土工程的压实质量进行控制。土的干密度 ρ_{d} 与土的天然密度 r 之间的关系用如下公式来表示：

$$\rho = \frac{m}{V} = \frac{m_{\mathrm{s}} + m_{\mathrm{w}}}{V} = \frac{m_{\mathrm{s}} + \omega m_{\mathrm{s}}}{V} = (1 + \omega)\rho_{\mathrm{d}} \tag{1-6}$$

第二节　土木工程量计算与现场调配

一、土方工程量计算

在土方工程开始施工之前，需要首先对土方的工程量进行计算。就土方工程的外形来看，其一般而言是复杂且不规则的，基于此，要想得出精确的计算结果具有一定的难度。通常情况下，都要将其假设或者是划分为一定的几何形状，而在计算过程中，需要借助于具有一定的精准度并且与实际情况相似的方法辅助完成计算。

（一）基坑、基槽土方量的计算

1. 基坑土方量的计算

通常基坑的形状多为不规则的，其边坡也具有一定的坡度（见图 1-1）。一般来说，在对基坑的土方量进行计算时，可以按照拟柱体的体积公式进行计算，即：

$$V = \frac{H}{6}(F_1 + F_0 + F_2) \tag{1-7}$$

式中　V——基坑土方工程量，m^3；

　　　H——基坑的深度，m；

F_1，F_2——基坑的上下底面积，m^2；

　　　F_0——F_1 与 F_2 之间的中截面面积，m^2。

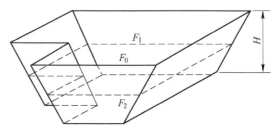

图 1-1　基坑土方量计算

2. 基槽土方量计算

对基槽或者是路堤的土方量进行计算，可以按照其长度方向进行分段，在分段之后再按照前面提到的方法进行计算（见图 1-2）。

图 1-2　基槽土方量

要想对基槽土方量进行计算，需参照以下公式：

$$V_1 = \frac{L_1(A_1 + 4A_0 + A_2)}{6} \tag{1-8}$$

式中　V_1——第一段长度的土方量，m^3；

　　　L_1——第一段的长度，m；

A_1——此段基槽一端的面积，m^2；

A_2——此段基槽另一端的面积，m^2；

A_0——此段基槽中间截面面积，m^2。

依据同样的方法，首先对各段体积的土方量进行计算，之后将其相加，就可以得出最后需要的总的基槽土方量。

（二）场地平整土方量计算

1. 场地设计标高的确定

在确定场地设计标高时，需要考量以下因素：

（1）满足建筑规划和生产工艺及运输的相关要求。

（2）尽可能对地形进行利用，有效减少挖填方数量。

（3）就场地内部来看，力求实现挖、填土方量的平衡，尽可能减少土方运输费用。

（4）要具有一定的排水坡度，满足排水的相关要求。

假如在设计文件当中并没有明确对于设计标高进行规定，也没有特定的要求，那么可以采用下面的方法对场地的设计标高进行确定。

对于场地的设计标高进行初步的计算。在对场地的设计标高进行初步计算的过程中，要秉承场地内挖填方平衡这一基本原则，换言之就是场地内挖方总量与填方总量相等。如图 1-3 所示，可以对场地地形图进行划分，使其成为边长 $a=10\sim40\mathrm{m}$ 的若干个方格；每个方格的角点标高，当地形平坦的时候，可根据地形图上相连两条等高线的高程，用插入法求得；当地形起伏较大（用插入法有较大错误）或无地形图的时候，可在现场用木桩打好方格网，然后用测量的方法求得。

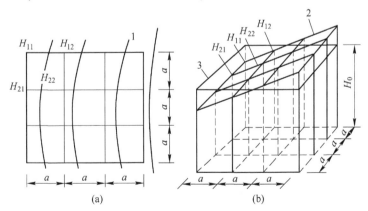

图 1-3 场地设计标高 h_0 计算方法

（a）方格网划分；（b）场地设计标高

1—等高线；2—自然地面；3—场地设计标高平面

基于挖填平衡的原则，在对场地的标高进行设计时，可依据式（1-9）进行计算：

$$H_0 = \frac{\sum\limits_{i=1}^{N}(H_{i1} + H_{i2} + H_{i3} + H_{i4})}{4N} \tag{1-9}$$

式中　N——方格数。

假定，用 H_1 代表一个方格的角点标高；用 H_2 代表相邻两个方格公共角点标高；用 H_4 代表相邻的四个方格的公共角点标高。当把所有方格的四个角点标高相加时，那就等同于将 H_1 这样的角点标高相加一次，也就等同于 H_2 的角点加两次，等同于 H_4 的角点标高加 4 次。正是因为如此，式（1-9）可改写为式（1-10）：

$$H_0 = \frac{\sum H_1 + 2\sum H_2 + 3\sum H_3 + 4\sum H_4}{4N} \tag{1-10}$$

式中　N——方格数。

对场地设计标高进行调整。运用式（1-10）计算的设计标高是一个理论值，而在实际的计算过程当中，还需要对如下因素进行考量：

（1）要考虑到土的可松性的影响。由于土具有可松性，按照 H_0 进行施工，填土一般会出现剩余，在这种情况下，可以适当对设计标高进行提升，如图 1-4 和式（1-11）所示。

图 1-4　考虑土可松性

$$\Delta h_1 = \frac{V_w(K_S' - 1)}{A_T + K_S' A_w} \tag{1-11}$$

式中　V_w——按理论标高计算出的总挖方体积，m^3；
　A_T，A_w——按理论设计标高计算出的挖方区、填方区总面积，m^2；
　　K_S'——土的最后可松性系数。

量的变化，须按式（1-12）对设计标高进行增减，即：

$$\Delta h_2 = \pm \frac{Q}{A} \tag{1-12}$$

式中 Q——平整后多余或不足的土方量，m²；

       A——场地面积，m²。

（2）要考虑泄水坡度对角点设计标高的影响。依据上述计算以及调整之后的场地设计标高对场地进行平整时，整个场地将会处于同一水平面上，但是需要注意的是，有些场地表面对于排水有一定的要求，这就需要有一定的泄水坡度（图 1-5）。因此，应该依据场地对于泄水坡度的要求（单向泄水或双向泄水）对标高进行调整，如式（1-13）所示：

$$\Delta h_3 = H_0 \ \pm L_x i_x \ \pm L_y i_y \qquad (1\text{-}13)$$

式中 L_x，L_y——该点到场地中心线的距离，m；

      i_x，i_y——分别为场地 z 和 y 方向的泄水坡度。

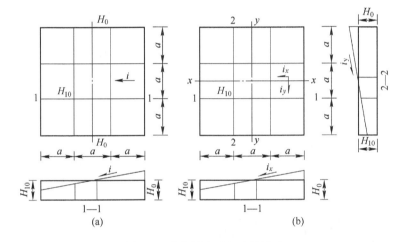

图 1-5 泄水坡度对场地的影响

（a）单向泄水；（b）双向泄水

对于场内的任意一点来说，对其进行标高设计需要遵循式（1-14）：

$$h_n = H_0 + \frac{V_w(K'_S - 1)}{A_T + A_w K'_S} \ \pm \frac{Q}{A} \ \pm L_x i_x \ \pm L_y i_y \qquad (1\text{-}14)$$

2. 场地平整土方量计算

通常情况下，可以采用方格网法对大面积场地平整的土方量进行计算。换言之，就是依据方格网各方格角点的自然地面标高和实际采用的设计标高，对于相应的角点填挖高度（施工高度）进行计算，之后再对每一方格的土方量进行计算，并且计算出场地边坡的土方量。基于此，对整个场地的填、挖土方总量进行计算。具体步骤如下：

（1）对方格网进行划分，并且对各方格角点施工高度进行计算。参照已有的地形图（通常用 1：500 的地形图）将其划分成若干个方格网，尽可能地使方格网和测量的纵、横坐标网相对应。方格的边长通常情况下在 $10\sim40\mathrm{m}$ 之间，在对于各方格角点的施工高度进行计算时，可以参照式（1-15），即：

$$h_n = H_n - H \tag{1-15}$$

式中　h_n——角点施工高度，即填挖高度，以"+"为填，"-"为挖，m；

　　　H_n——角点的设计标高（若无泄水坡度时，即为场地的设计标高），m；

　　　H——角点的自然地面标高，m。

（2）对于零点位置及零线进行计算。在一个方格网内填方或挖方同时进行时，首先对方格网零点位置进行计算（见图 1-6），并且在方格网上标注出来，进而将零点连接起来构成零线，这也就是挖填方区分界线（见图 1-7）。

图 1-6　零点位置确定

图 1-7　零线的绘制

在对零点的位置进行计算时，可以参照式（1-16），即：

$$x = \frac{ah_1}{h_1 + h_2} \tag{1-16}$$

式中　　x——角点至零点的距离，m；

　　　　a——方格网的边长，m；

　h_1，h_2——相邻两角点的施工高度，m。（均用绝对值）

在实际的工作当中，为了达到省略计算的目的，一般会采用图解方法直接求出零点（见图 1-8），在各角上用尺把相应比例标示出来，用尺相连，与方格的相交点也就是零点位置。这种方法十分便利，同时能够有效避免计算或查表出错。

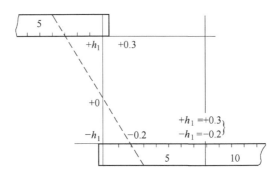

图 1-8　图解法求零点

3. 对方格土方的计算

四棱柱方格为全挖方或者是全填方（见图 1-9）。其计算公式为：

$$V = \frac{a^2}{4}(h_1 + h_2 + h_3 + h_4) \qquad (1-17)$$

在方格上面相邻的两个角是挖方，其余两个角点是填方（见图 1-10）。挖方部分的土方量的计算公式为：

$$V_{1,2} = \frac{a^2}{4}\left(\frac{h_1^2}{h_1 + h_4} + \frac{h_2^2}{h_2 + h_3}\right) \qquad (1-18)$$

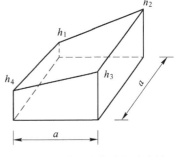

图 1-9　四棱柱方格全挖或全填

填方部分的土方量的计算公式为：

$$V_{3,4} = \frac{a^2}{4}\left(\frac{h_4^2}{h_1 + h_4} + \frac{h_3^2}{h_2 + h_3}\right) \qquad (1-19)$$

在方格当中，3 个角点为挖方（或填方），其余的那个角点为填方（或挖方）（见图 1-11），则填方部分的土方量的计算公式为：

$$V_4 = \frac{a^2}{6}\frac{h_4^3}{(h_1 + h_4)(h_3 + h_4)} \qquad (1-20)$$

$$V_{1,2,3} = \frac{a^2}{6}(2h_1 + h_2 + 2h_3 - h_4) \tag{1-21}$$

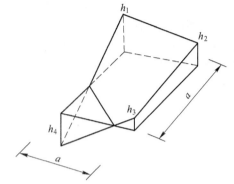

图 1-10　两挖和两填的方格　　　　　图 1-11　三挖一填（或相反）的方格

在三棱柱方格当中，全部为挖方或填方（见图 1-12），其计算公式为：

$$V_4 = \frac{a^2}{6}(h_1 + h_2 + h_3) \tag{1-22}$$

三角形部分为挖方，部分为填方，如图 1-13 所示。挖方部分的土方量的计算公式为：

$$V_4 = \frac{a^2}{6}\frac{h_3^3}{(h_1 + h_3)(h_2 + h_3)} \tag{1-23}$$

填方部分的土方量的计算公式为：

$$V_{1,2} = \frac{a^2}{6}(h_1 + h_2 - h_3) + V_3 \tag{1-24}$$

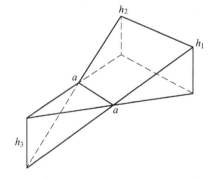

图 1-12　三棱柱全挖或全填　　　　　图 1-13　三角形部分挖方、部分填方

对于边坡土方量的计算，可以将边坡的土方量划分为两种近似几何形体，即三角棱锥体和三角棱柱体（见图 1-14），其计算可以参照以下公式。

图 1-14　场地边坡平面图

（1）对于三角棱锥体边坡的体积进行计算。三角棱锥体（图中①～③部分，⑤～⑩部分）的计算可以参照以下公式：

$$V_1 = \frac{1}{3}A_1 l_1 \tag{1-25}$$

$$A_1 = \frac{1}{2}h_1 mh_1 = \frac{1}{2}mh_1^2 \tag{1-26}$$

式中　l_1——边坡的长度，m。

　　A_1——边坡的端面积，m^2；

　　m——边坡的坡度系数，m=宽/高。

（2）对三角棱柱体边坡的体积进行计算。三角棱柱体（图 1-14 中④部分）的计算公式为：

$$V_4 = \frac{1}{2}(A_1 + A_2)l_4 \tag{1-27}$$

当遇到两端横断面面积相差很大的情况时，其计算公式为：

$$V = \frac{l_4}{6}(A_1 + 4A_0 + A_2) \tag{1-28}$$

式中　l_4——边坡的长度，m；

A_1，A_2，A_0——边坡两端及中部的横断面积，m^2。

对土方总量进行计算。把挖方区（或填方区）的所有方格土方量与边坡土方量进行汇总，就得到了场地平整挖（填）方的工程量。

二、现场土方调配

（一）土方调配原则

在完成了对土方工程量的计算之后，就可以开始对土方进行平衡以及调配了。作为土方规划设计的一个重要的组成部分，土方的平衡与调配就是要综合、平衡地对挖土的利用、堆弃以及填土的取得这三者之间的关系进行处理，进而在获得最小的土方运输费的基础上，确保施工的方便性。在对土方进行调配的过程当中，需要遵循以下原则。

1. 坚持挖、填平衡和运输量最小的原则

只有坚持挖、填平衡和运输量最小的原则，才能够有效地控制并减少土方工程的成本。当然，这仅仅适用于场地范围的平衡，通常情况下并不能够达到运输量的最小化。因此，还需要依据场地以及其周围的地形条件进行综合考量，在必要的时候还可以在填方区的周围就近借土，或者是在挖方区的周围就近弃土，而并不是仅仅将范围限定在场地以内的挖、填平衡。唯有这样，才能达到经济合理的要求。

2. 坚持近期施工与后期利用相结合的原则

在对工程进行分批分期施工时，在对先期工程的土方余额的利用数量以及对方位置进行确定时，需要做到与后期工程的需要相结合，进而实现就近调配。在选择堆放位置时，应该本着为后期工程创造良好的工作面以及施工条件的前提下进行考量，力求做到避免挖运的重复性。例如，当先期工程出现土方欠额时，可以从后期工程地点进行挖取。

3. 坚持最大限度地与大型地下建筑物施工相结合的原则

当出现大型建筑物在填土区，且其基坑开挖的土方量又比较大的情况的时候，出于避免土方挖、填和运输的重复性，对于该填土区可以暂时不予填土，等到地下建筑物施工之后再进行填土。因此，在填方保留区的周围需要备有相应的挖方保留区，或者是将附近挖方工程的余土按照需要进行合理的堆放，进而实现调配的就近性。

4. 满足主要土方施工机械工作面大小的要求

在对于调配区的大小进行划分时，需要满足主要土方施工机械工作面大小（如铲运机铲土长度）的要求，进而充分发挥土方机械和运输车辆的效率。总而言之，在进行土方调配的过程中，需要在对于现场的具体情况、有关技术资料、工期要求、土方机械以及施工方法进行考量的基础上，与上述原则相结合，综合进行考虑，进而实现调配方案的经济、合理。

（二）土方调配图表的编制

对于场地土方进行调配，需要制作相应的土方调配图表，具体来看，其编制方法有以下几个步骤：

（1）对于调配区进行划分。在对调配区进行划分的过程当中需要注意以下几点：

1）在划分调配区时，需要注意其与房屋或构筑物的位置的协调性，满足工程施工顺序和分期分批施工的要求，从而达到近期施工和后期利用相结合的目的。

2）调配区的大小应该使得土方机械与运输车辆能够充分地发挥功效。

3）当遇到土方运距较大或者是场区内土方不平衡这种情况时，可以依据附近地形，对就近借土或者就近弃土进行考量，需要注意的是，每一个借土区或者是弃土区都可以被视作是一个独立的调配区。

（2）对土方量进行计算，基于上述计算方法，可以得出各调配区的挖方量，并且将其标注在图上。

（3）对调配区之间的平均运距进行计算。平均运距是指挖方区土方重心的距离。换言之，要想对平均运距进行确定，就需要先对各个调配区土方重心进行计算，并将重心在相应的调配区图上标注出来，再用比例尺对每对调配区之间的平均距离进行测量。

（4）确定土方最优调配方案。以线性规划为理论基础，对最优调配方案进行选定。

（5）绘制土方调配图、调配平衡表。

第三节　土木机械化施工与土方填筑

一、土方机械化施工

（一）推土机施工

作为土方工程施工的一种主要机械，推土机就是在履带式拖拉机上安装推土铲刀等工作装置制造而成的机械。基于铲刀的操纵机构的差异性，可以将推土机划分为两类，即索式推土机和液压式推土机。索式推土机的铲刀需要借助于自身质量切入土壤当中，在硬土当中切土深度比较小。液压式推土机是由液压操纵，使铲刀强制切入土中，切入深度比较大。同时，液压式推土机还可以对铲刀的角度进行调整，极大地增强了其灵活性，是目前最为常见与常用的一种推土机，如图1-15所示。

推土机操作灵活，便于运转，所需工作面相对较为狭小，行驶速度比较快，方便转移，能够攀爬30°左右的缓坡。因此，推土机的应用范围比较广泛，较为适合对于一至三类土进行开挖。通常用于挖土深度不大的场地平整，开挖深度不大于1.5m的基坑、回填基坑和沟槽，堆筑高度在1.5m以内的路基和堤坝，平整其他机械卸置的土堆；推送松散的硬土、岩石和冻土；配合铲运机进行助铲；配合挖土机施工，为挖土机清理余土和创造工作面等。除此之外，卸掉铲刀之后，拖土机还可以对其他无动力的土方施工机械进行牵引，例如拖式铲运机、松土机、羊足碾等，进而从事其他施工过程的土方施工。

(a)　　　　　　　　　　　　　　　　(b)

图 1-15　液压式推土机外形

(a) 侧面；(b) 正面

推土机的运距最适宜设定在 100m 以内，在推运距离为 40~60m 的范围内效率最高。为了有效地提高推土机的生产效率，可以采取下面几种方法进行生产、施工。

1. 下坡推土法

在斜坡上，推土机顺下坡方向切土与堆运，可以借助于机械本身向下的重力作用对土进行切割，有效增大切土深度和运土数量，将生产率提高 30%~40%；但是需要注意的是，为了避免后退时爬坡困难，坡度不宜超过 15°。在没有自然坡度的情况下，也可以采用分段推土的方法，以形成下坡送土条件。有些时候，下坡推土可以与其他推土法结合使用，较为适用于半挖半填地区推土丘，回填沟、渠。

2. 槽形推土法

推土机在一条作业线上反复多次进行切土和推土，会使地面上形成一条浅槽，再多次重复地在沟槽中推土，可以有效地减少土从铲刀两侧漏撒，使推土量增加 10%~30%。就沟槽来说，其最为适宜的深度应该控制在 1m 左右，槽与槽之间的土坑宽应控制在 50cm 左右。当推出多条槽之后，再从后面将土埂推入槽内，进而运出。此种方法适用于推土层较厚、运距较远的情况。

3. 并列推土法

当施工区的面积较大时，可以采用 2~3 台推土机并列推土的方法。在推土的过程当中，要将两个铲刀之间的距离控制在 15~30cm；在倒车的时候，需要分别按照先后顺序依次退回。采用这样的方法，能够有效减少土的散失，进而增大推土量，可以将生产率提升 15%~30%。但是需要注意的是，平均运距不宜超过 50~75m，也不宜小于 20m；而且推土机数量应该控制在 3 台以内，否则会造成倒车不便，行驶不一致，进而会在一定程度上对生产率的提升产生制约作用。

4. 分批集中，一次推送

当出现运距比较远而且土质较为坚硬的情况时，由于切土的深度并不是很大，比较适合采取多次铲土、分批集中、一次推送的方法，使铲刀前保持满载，实现对推土机功率的最大利用，有效缩短运土的时间。

（二）铲运机施工

铲运机，就是借助于装在前后轮轴之间的铲运斗，在行使的过程中顺序进行土壤铲削、装载、运输以及铺卸土壤作业的铲土运输机械。铲运机除了能够独立完成铲、装、运、卸等各个工序外，还可以具有一定的压实和平整土地的功能，主要用来对土方进行填挖以及对场地进行平整，以提高生产效率。它是在土方工程当中应用最为广泛的机种之一。

1. 铲运机的运行路线

在对场地进行平整时，在确定铲运机的开行路线时，应该依据场地挖、填方区分布的具体情况合理进行选择，以有效提高铲运机的生产率。具体来说，铲运机的运行路线主要有以下几种：

（1）环形路线。当地形较为平整、施工地段并不长时，通常情况下可以采用环形路线［图 1-16（a）、（b）］。每一次循环只需要完成一次铲土和一次卸土，挖土与填土相互交替；挖土与填土之间相距较短时，可以采用大循环路线［图 1-16（c）］。在一个循环当中能够完成多次铲土和卸土，以有效减少铲运机转弯的次数，进而提升工作效率。

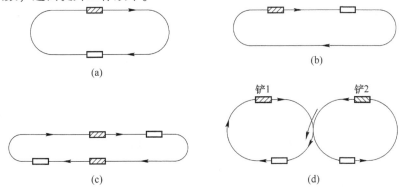

图 1-16　铲运机运行路线

（a），（b）环形路线；（c）大循环路线；（d）"8"字形路线

▨—卸土　▭—铲土

（2）"8"字形路线。当施工地段比较长或者是地形起伏比较大时，通常可以采用"8"字形运行路线［图 1-16（d）］，采用这种运行路线时，铲运机在上下坡时需要斜向行驶，不是很受地形坡度的影响；在一次循环当中需要面对两次转弯，且两次转弯方向不同，故可以有效避免机械行驶时的单侧磨损；在一个循环当中需要完成两次铲土和卸土，有效减少转弯的次数和空车行驶的距离，从而可以减少运行的时间，进而促进生产效率的提升。

综上所述需要注意的是，在铲运机运行过程当中，要尽量避免在转弯的时候铲土，因为可能会造成铲刀受力不均匀，极易导致翻车事故。因此，出于使铲运机的效能得到充分发挥的目的，并为了保证在直线段上进行铲土且装满土斗，就需要在铲土区当中保证铲土长度的最小化。

2. 铲运机作业方法

铲运机作业方法包括：

（1）下坡铲土。铲运机完成下坡推土时需要有效利用地形，可以运用铲运机自身的重力加以运用，进而有效地加深铲斗切土的深度，从而有效地缩短铲土的时间。但是需要注意的是，纵坡的角度最好控制在 25°以内。横坡的角度控制在 5°以内。当铲运机在陡坡上时，要尽量避免急转弯，否则容易发生翻车。

（2）跨铲法。铲运机在进行间隔铲土时，需要预先留出土埂。因为在进行间隔铲土的时候，由于已经形成了一个土槽，因此可以有效减少向外的撒土量；铲土埂的时候可以有效减少铲土的阻力。通常情况下，土埂一般应控制在 300mm 以内，宽度一般要小于或是等于拖拉机两履带间的净距。

（3）推土机助铲。当地势相对平坦、土质比较坚硬的时候，可以用推土机在铲运机后面进行顶推，进而有效增加铲刀的切土能力，缩短铲土所需时间，提升生产效率。在铲土的空隙，推土机可以用来承担松土或者是平整土地的工作，为铲运机创造更有利于作业的条件。

（4）双联铲运法。铲运机在运土过程当中需要的牵引力并不大，在下坡铲土的过程中，可以将两个铲斗前后串在一起，进而形成一起一落依次铲土、装土操作，也可以将其称为双联单铲。当地面的起伏较小时，可以采用两个铲斗串成同一时间起落，同一时间铲土，并且同一时间起斗开行，也可称为双联双铲。双联单铲可以将工作效率提升 20%~30%，双联双铲可以将工作效率提升 60%。双联铲运法较为适用于松软的土质，多用于大面积场地的平整以及筑堤等工程的施工当中。

（5）挂大斗铲运。在土质较为松软的地区，可以改挂大型的铲土斗，有利于拖拉机的牵引力的提升，进而提升工作效率。

（三）单斗挖土机施工

1. 单斗挖土机的种类

在土方工程中，单斗挖土机的应用范围比较广泛，种类也比较多样，只要对工作装置进行更换可以满足多种工作的需要。基于其工作装置的不同，可以将单斗挖土机划分为正铲、反铲、拉铲以及抓铲等多种类型；基于操纵机构的不同，可以将单斗挖土机划分为机械式和液压式两大类，如图1-17所示。

图1-17　单斗挖土机

（a）机械式；（b）液压式

2. 正铲挖土机施工

正铲挖土机前进向上，强制切土，具有较大的挖掘力，生产效率较高。通常情况下，正铲挖土机用于对停机面以上的一至四类土的挖掘工作，而对于大型干燥基坑以及土丘等的开挖，需要借助运土自卸汽车的配合才能够保证挖运工作的顺利完成。当地下水位处于较高位置时，应该采取一定的措施降低地下水位，将基坑土疏干。

挖土机生产效率的主要影响因素包括每斗的装土量和每斗作业的循环延续时间。出于有效提升挖土机生产效率的目的，需要使工作面高度必须满足装满土斗的要求。除此之外，还需要对开挖方式和运土机械配合问题进行考量，应尽可能减少回转角度，使每个循环的延续时间有效缩短。

3. 反铲挖土机施工

反铲挖土机适合对于一至三类的砂土或黏土进行挖掘。其最大的挖掘深度可以达到4~6m，效率高的挖掘深度可以达到1.5~3m。多用于挖掘停机面以下深度不大的基坑（槽）和管沟及含水量大的土，还适用于对地下水位较高处的挖掘。其所挖的土方可以卸在基坑（槽）和管沟的两边，也可以配备自卸汽车运走。反铲挖掘机的挖土具有自身的特点，即"后退向下，强制切土"。

4. 拉铲挖土机施工

拉铲挖土机的工作装置简单，可以直接由起重机改装得到。就其特点来看，主要表现为：铲斗悬挂在钢丝绳下而无刚性的斗柄。鉴于拉铲支杆比较长，所以铲斗能够利用自身重力切入土中，其开挖的深度以及宽度都比较大，较为适用于挖沟槽、基坑以及地下室，还可以用来对水下和沼泽地带的土进行挖掘。

5. 抓铲挖土机施工

抓铲挖土机的土斗具有活瓣，其活瓣采用钢丝绳悬挂在支杆上。抓铲挖掘机只能用于开挖一类、二类土。就其挖土特点来看，主要是"直上直下，自重切土"，抓铲挖土机的挖掘能力比较低。

二、土方填筑与压实

（一）土方填筑的要求

在填土时，土料应该符合设计的要求，使填方的强度和稳定性得到有效的保障。一般情况下，在对土料进行选择时，应该选择那些强度高、压缩性小、水稳定性好的土料。当没有其他设计要求时，土料应该符合以下规定：

（1）在选择表层下的填料时，可以选择碎石类土、砂土以及爆破石碴（粒径不大于每层铺土厚度的 2/3）。

（2）在选择各层填料时，可以选择含水量符合压实要求的黏性土。

（3）在选择填料的时候，一般情况下不应选择淤泥和淤泥质土，但是需要注意的是，在软土地区，当淤泥和淤泥质土经过处理含水量符合要求之后，亦可用作填方中的次要部分。

（4）当土中有机物含量（质量分数）大于 8%，或者是水溶性硫酸盐含量（质量分数）大于 5% 时，不可以作为填土使用。此外，耕植土、冻土和杂填土等也不可以作为填土使用；但是在无压实要求的情况下，填方是不受限制的。

（二）填土压实方法

填土压实方法主要包括碾压、夯实、振动压实以及利用运土工具压实等。当填土工程面积较大时，大多情况下采取碾压以及借助于运土工具压实；当填土工程面积较小时，可以借助于夯实机具压实。

1. 碾压法

所谓碾压法，指的是借助于机械滚轮的压力对土壤进行压实，以使其达到施工所需的密实程度，这种方法较为适用于大面积的填土工程。碾压机械主要包括平碾（压路机）、羊足碾以及气胎碾。平碾既适用于砂土的压实，也适用黏性土的压实；羊足碾所需的牵引力较大，仅适用于黏性土的压实，如果在砂土当中使用羊足碾，由于土颗粒受到"羊足"的单位压力较大，会造成土颗粒向四周移动，在一定程度上破坏土的结构；气胎碾在作业时是弹性体，压力较为均匀，具有较好的填土质量。除此之外，在碾压的施工过程当中，还可以利用运土机械来完成，这也是较为经济合理的压实方案。在施工的过程当中，要尽可能保证运土机械行驶路线在填土面积上均匀分布，并且使重复行驶达到一定的遍数，进而使其满足填土压实质量的要求。碾压机械在对填方进行压实时，平碾的行驶速度通常情况下控制在 2km/h，羊足碾的行驶速度通常情况下控制在 3km/h，不宜过快，否则会对压实效果产生一定的影响。

2. 夯实法

夯实法是指借助于夯锤自由下落的冲击力来对土壤进行夯实，通常适用于小面积的回填土作业或者在作业面受限的环境下作业。夯实法主要包括人工夯实和机械夯实。在人工夯实的过程中采用的工具主要包括木夯、石夯等；在机械夯实的过程中，常用的机械包括夯锤、内燃夯土机、蛙式打夯机和利用挖土机或起重机装上夯板后的夯土机等，其中，蛙式打夯机因其构造简单、小巧灵便，较为广泛应用于小型土方工程当中，如图 1-18 所示。

图 1-18　蛙式打夯机
1—夯头；2—夯架；3—角胶带；4—底盘

3. 振动压实法

振动压实法是指把振动压实机置于土层表面，利用振动设备使土颗粒基于振动力的作用而发生相对位移达到密实效果的施工方法。该方法在振实非黏性土时应用较多。在压实过程当中采用的机械主要包括平板振动器和振动压路机。在碾压的过程当中使用振动压路机，可以使土受到振动和碾压两种作用力，其具有较高的碾压效率，多应用于大面积填土压实作用当中。

第二章　地基与基础工程施工技术与管理

在建筑工程施工中，处于建筑物的最下端，埋入地下并直接作用于土层上的承重构件称为基础。它是建筑物的重要组成部分。地基是支撑在基础下面的土层。尽管它不属于建筑物的组成部分，但它决定了建筑物所能承受的最大荷载量，因此也具有十分重要的意义。本章主要探究地基处理及加固技术、浅基础施工、桩基础工程，以及灌注桩施工工程案例。

第一节　地基处理及加固

一、地基处理及加固概述

当软土地基无法满足承载力或稳定要求时，就需要对地基进行加固。加固的方法大致可以分为两类：

（1）夯实法、换填法、挤密桩法、振动水冲法和砂石桩法等。其原理是减小或减少土体里的孔隙，使土颗粒尽可能靠拢，以减少压缩性，提高强度。

（2）灌浆法、旋喷法、深层水泥搅拌法等。其原理是用各种胶结剂把土颗粒胶结在一起。

虽然软土的加固方法有很多，而且还在不断发展，但是每种方法都有一定的适用范围和自身的局限性，因此必须通过技术经济综合考虑，才可以选择具体的加固方法。在选择地基处理方法前，应该搜集详细的工程地质、水文地质和地基基础设计资料；根据工程的设计要求和采用天然地基存在的主要问题，确定地基处理的目的、处理范围和处理后要求达到的各项技术经济指标；结合工程情况，了解本地区地基处理经验和施工条件以及其他地区相似场地上同类工程的地基处理经验和使用情况等。地基处理方法的确定宜按下列步骤进行。

依据结构类型、荷载情况以及使用要求，结合地形地貌、地层结构、地下水特征、土质条件、环境情况及对附近建筑的影响等因素，先初步拟定几种可供考虑的地基处理方案。

对初步拟定的各种地基处理方案，可以对它们进行适用范围、加固原理、材料来源及消耗、预期处理效果、机具条件、施工进度以及对环境的影响等方面的技术经济分析和对比，选取最佳的地基处理方案，必要时还可以选择两种或多种地基处理措施组成的综合处理方法。

对已经选定的地基处理方法，应该按建筑物安全等级和场地复杂程度，选择一块具有代表性的场地，在其上进行相应的现场试验或试验性施工，根据测试结果检验设计参数和处理效果，若不符合或达不到设计要求时，要尽快查找原因采取相关措施或修改设计。

二、换填法

当建筑物的地基比较软弱、不能满足上部荷载对地基强度和变形的要求时，就需要更改方法，采用换填法。具体实践中可以分为以下几种情况：

（1）挖。挖去表面的软土层，把基础埋放在承载力较大的基岩或坚硬的土层里，这种方法适用于软土层薄、上部结构荷载量小的情况。

（2）填。当软土层不是很薄，且需要大面积的加固处理时，可以在原有的软土层上直接回填一定厚度的好土或砂石、矿石等。

（3）换。就是把挖与填相结合，即换土垫层法，施工时先把基础下一定范围里的软土挖去，用人工填筑的垫层作为持力层，按其回填材料的不同可以分为砂垫层、碎石垫层、素土垫层、灰土垫层等。

换填法适用于淤泥、淤泥质土、膨胀土、冻涨土、素填土、杂填土及暗沟、暗塘、古井、古墓或拆除旧基础后的坑穴等的地基处理。

换土垫层的处理深度应该根据建筑物的要求，由基坑开挖的可能性等因素综合考虑并决定，多用于上部荷载较小、基础埋深不厚的多层民用建筑的地基处理工程中，开挖深度不大于3m。

（一）砂和砂石地基（垫层）

砂和砂石地基（垫层）采用级配良好、质地坚硬的中粗砂、碎石和卵石等，经过分层夯实，作为基础的持力层，用来提高基础下地基强度，降低地基的压应力，减少沉降量，加速软土层的排水固结作用。

砂石垫层应用广泛，施工工艺简单，无论是使用机械还是人工都能使地基密实，工期短、造价低；适用于3m以内的软弱、透水性强的黏性土地基，不适合用于加固湿陷性黄土和不透水的黏土地基。

1. 材料要求

砂石垫层材料，适宜采用级配良好、质地坚硬的中砂、粗砂、石屑和碎石、卵石等，含泥量（质量分数）不得超过5%，不能含有植物残体、垃圾等杂质。如果是用作排水固结地基，含泥量（质量分数）不得超过3%；在中、粗砂缺乏的地区，如果用细沙或石屑，则不容易被压实，强度也不高，因此在用作换填材料时，应掺入粒径不大于 50mm，不少于总重 30%的碎石或卵石并拌和均匀。如果回填在碾压、夯、振地基上时，其最大粒径应不大于 80mm。

2. 施工技术要点

在铺设垫层前应先验槽，把基底表面上的浮土、淤泥、杂物等清理干净，两侧应有一定坡度，以防止振捣时出现塌方情况。基坑（槽）内若发现有沟、孔洞和墓穴等，应该把它们填实后再做垫层。

垫层底面标高不同时，土面要挖成斜坡或阶梯状，且按先深后浅的顺序施工，搭接处要夯实，分层铺实时接头也要做成斜坡或阶梯搭接，每层错开 0.5 ~ 1m，且注意充分捣实。

人工级配的砂石材料，施工前应充分拌匀，再铺夯压实。

砂石垫层压实机械应先选用振动碾和振动压实机，但要依照具体的施工方法和施工地点确认压实效果、分层填铺厚度、压实次数、最优含水量等情况。若没有试验材料，砂石垫层的每层填铺厚度和压实变数可参考表 2-1。分层厚度可以采用样桩控制。施工时，下层的密实度经过检验合格后才可以进行上层施工。通常，垫层的厚度一般是 200 ~ 300mm。

表 2-1　砂和砂石垫层每层铺筑厚度及最优含水量

振捣方式	每层铺筑厚度/mm	施工时最优含水量（质量分数）/%	施工说明	备 注
平振法	200 ~ 250	15 ~ 20	用平板式振捣器往复振捣	
插振法	振捣器插入深度	饱和	（1）插入式振捣器； （2）插入间距可根据机械振幅大小决定； （3）不应插入下卧黏性土层； （4）插入式振捣器插入完毕后所留的孔洞，应用砂填实	不宜用于细沙或含泥量较大的砂所铺筑的砂垫层
水撼法	250	饱和	（1）注水高度应超过每次铺筑面； （2）钢叉摇撼捣实，插入点间距为100mm，钢叉分四齿，齿的间距800mm，长 300mm，木柄长 90mm，重 40N	湿陷性黄土、膨胀土地区不得使用
夯实法	150 ~ 200	8 ~ 12	（1）用木夯或机械夯； （2）木夯重 400N，落距 400 ~ 500mm一夯压半夯，全面夯实	
碾压法	250 ~ 350	8 ~ 12	60 ~ 100kN 压路机往复碾压	（1）适用于大面积砂垫层； （2）不宜用于水位以下的砂垫层

砂石垫层的材料可以根据施工方法的不同对最优含水量进行控制。最优含水量的确定应依据工地试验的结果，当然参考表2-1也不失为一种选择。至于矿渣在夯实前一定要进行充分洒水，湿透后才能进行夯压。

当地下水高出基础地面时，可以采用排、降水等措施，同时要注意边坡的稳定，防止塌土混进砂石垫层中影响质量。

当采用水撼法施工或插振法施工时，在基槽两侧应设置样桩，控制铺砂的厚度，每层为250mm。铺砂后，灌水与砂面齐平，把振动棒插入振捣，依次振实，结束的标准是不再有气泡冒出。垫层接头要重复振捣，插入式振动棒振完后残留的孔洞要用砂进行填实。在振动首层垫层时，不应把振动棒插入原土层或基槽边部，防止软土混进砂垫层从而降低砂垫层的强度。

垫层铺设完毕应及时回填，并及时施工基础。

冬季施工时，砂石材料中不得夹有冰块，并应采取措施防止砂石内水分冻结。

3. 质量检验方法

环刀取样法。用容积不小于200cm³的环刀压入垫层的每层2/3深处取样，测定其干密度，合格的标准是不小于通过实验确定的该砂在中密状态下的干密度数值。如果是砂石地基，可在地基中设置纯砂检验点，并在相同的实验条件下，用环刀测试其干密度。

贯入测定法。检验前先把垫层表面的砂刮去30mm左右，之后用贯入仪、钢筋或钢叉等以贯入度大小来定性检验砂垫层的质量，用不大于通过相关试验确定的贯入度作为合格的标准。钢筋贯入法用到的钢筋的直径φ20mm，长1.25m，在垂直距离砂垫层表面700mm处自由下落，测其贯入深度。

（二）土垫层

灰土垫层就是把基础底面以下一定范围内的软弱土挖去，再把按一定体积配合比配合的灰土在最优含水量的情况下分层回填夯实（或压实）。

灰土垫层的材料是石灰和土，其比例一般是3∶7或2∶8（石灰∶土）。灰土垫层的强度将随着用灰量的增加而加强，但当用灰量超出一定值时，其强度不仅不会增强反而还会减弱。

灰土地基施工工艺简单、费用低，是一种应用广泛、经济、实用的地基加固方法。适用于加固处理1~3m厚的软弱土层。

1. 材料要求

材料要求包括：

（1）土料。土料可以采用就地基坑（槽）挖出来的黏性土或塑性指数大于4的粉土，但要过筛，其直径不得超过15mm，土里所含有机含量应不超过5%。

块状的黏土和粉土、淤泥、耕植土、冻土都不适宜使用。

（2）石灰。使用可达到国家三等石灰标准的生石灰，使用前要把生石灰消解 3~4d 并过筛，其粒径不大于 5mm。

2. 施工技术要点

铺设垫层时应提前验槽，基坑（槽）里如果发现有孔洞、沟和墓穴等，应先把它们进行填实后再做垫层。

灰土在施工前要进行充分的搅拌，控制含水量，通常最优含水量（质量分数）为 16%左右，当水分不足或过多时，应洒水湿润或晾干。在现场可根据经验直接判断，其方法是手握灰土成团，两指轻捏即碎，此时即可判断灰土已达到最优含水量。

灰土垫层应选用平碾和羊足碾、轻型夯实机及压路机，分层填铺夯实。每层虚铺厚度见表 2-2。

表 2-2　灰土最大虚铺厚度

夯实机具种类	质量/t	虚铺厚度/mm	备　　　注
石夯、木夯	0.04~0.08	200~250	人力送夯，落距 400~500mm，一夯压半夯，夯实后约 80~100mm
轻型夯实机械	0.12~0.4	200~250	蛙式打夯机、柴油打夯机，夯实后约 100~150mm 厚
压路机	6~10	200~300	双轮

分段施工时，不应该在墙角、柱基以及承重窗间墙下接缝，上下两层的接缝距离应大于或等于 500mm，接缝处要夯压密实。

灰土当日就应该铺填夯压，入坑（槽）的灰土不能隔日夯打，如果刚铺筑完或还没有夯实的灰土遇到雨淋浸泡，应及时把积水和松软灰土挖去并填补夯实，受浸泡的灰土要晾干后再夯打密实。

垫层施工完毕后，要及时修建基础并回填基坑，或者做临时遮盖，防止日晒雨淋，需要注意的是，夯实后的灰土不得在 30d 内受水浸泡。

冬季施工，必须要在基层不冻的状态下进行，土料要进行覆盖保温，不能使用带有冻土和冰块的土料，施工完的垫层也要用塑料或草袋进行保温。

3. 施工质量检验

适宜用环刀取样来测定其干密度、检测施工质量。质量标准可根据按压实系数 λ_c 鉴定，一般为 0.93~0.95。其计算公式为：

$$\lambda_c = \frac{r_d}{r_{dmax}} \tag{2-1}$$

式中　r_d——实际施工达到的干密度，t/m^3；

　　r_{dmax}——室内击实试验得到的最大干密度，t/m^3。

如果使用贯入仪检查灰土质量，首先要在现场进行试验，确定贯入度的具体要求。如果没有设计要求，可根据表2-3进行取值。

表2-3　灰土质量要求

土　料　种　类	灰土最小密度/$t \cdot m^{-3}$
粉土	1.55
粉质黏土	1.50
黏土	1.45

三、振冲密实法

振冲密实法实际上就是利用振动和压力水使砂层液化，砂粒相互挤密，重新排列，孔隙减少，以提高地基的承载力和抗液化能力，所以又名为振冲挤密砂桩法。

（一）适用范围

振冲密实法宜用于处理沙土和粉土等地基，不加填料的振冲密实法只适用于处理含粒量（质量分数）小于10%的粗砂、中砂地基。

（二）构造及材料

1. 处理范围

应大于建筑物基础范围，在建筑物基础外缘每边放宽不得小于5m。

2. 振冲深度

当可液化的土层不是很厚时，振冲深度要穿透整个可液化土层；当可液化的土层比较厚时，振冲深度要按照要求的抗震处理深度确定。

3. 振冲点布置和间距

振冲点可按等边三角形或正方形进行布置，间距的范围与土的颗粒组成、要求达到的密实度、地下水位、振冲器功率、水量等有关，可通过现场试验确定，一般取1.8~2.5m。

4. 填料

填料一般是碎石、卵石、角砾、圆砾、砾砂、粗砂、中砂等硬质材料。每一个振冲点需要的填料量根据地基土要求达到的密实程度和振冲点间距确定，应通过现场试验确定。

(三) 机具设备

1. 振冲器

振冲器是由中空轴立式潜水电动机直接带动偏心块振动的短柱状机具，其利用电动机转动通过弹性联轴器带动振动机体中的中空轴，转动偏心块，产生一定频率和振幅的水平振动力。水管从电动机上部进入，穿过两根中空轴至端部进行射水和供水。振冲器的构造如图 2-1 所示。功率 30kW 的振冲器最为常用；在既有建筑物邻近施工时，宜用功率较小的振冲器。

图 2-1　振冲器构造

1—吊具；2, 10—水管；3—电缆；4—电机；5—联轴器；
6—轴；7—偏心块；8—壳体；9—翅片

2. 配套设备

升降振冲器的机具常采用履带式或轮胎式起重机，也可采用自行井架式施工平台或其他合适的机具设备。图 2-2 所示为自行井架式专用施工平台。

振冲水要有一定程度的水压力，其中水泵出口水压为 $400 \sim 600$kPa，流量 $20 \sim 30$m³/h，每一台振冲器都应备用一台水泵。其他的配套设施包括控制电流操作台、150A 电流表、500V 电压表以及供水管道、加料设备（吊斗或翻斗车）等。

图 2-2　自行井架式专用施工平台

1—小车；2—底盘行车机构；3—小车行走机构；4—振冲器；5—橡胶减速器；
6—导向管；7—导向柱；8—导向轮；9—动滑轮；10—定滑轮组；11—水管；12—电缆；
13—井架；14—定滑轮；15—卷筒；16—减速器；17—电动机；18—底盘

（四）施工工艺和施工顺序

施工工艺和施工顺序如下：

（1）加填料的振冲密实法施工可按照下列步骤进行：

1）清理平整场地、布置振冲点。

2）施工机具到位，在振冲点上安放钢护筒，使振冲器对准护筒轴心。

3）启动水泵和振冲器，使振冲器徐徐沉入砂层，水压可用 400~600kPa，水量可用 200~400L/min，下沉速率宜控制在约 1~2m/min 范围内。

4）振冲器达到设计处理深度后，把水压和水量降到孔口有一定量回水，但无大量细颗粒带出的程度，把填料堆于护筒周围。

5）在振冲器振动下填料依靠自重沿护筒周壁下沉至孔底，在电流升高到规定的控制值后，将振冲器上提 0.3~0.5m。

6）重复上一步骤，直到完成全孔处理，详细记录各深度的最终电流值、填料量等。

7）关闭振冲器和水泵。

（2）不加填料的振冲密实法与加填料的实施工方法大致相同。即使振冲器沉至设计处理深度，留振至电流稳定地大于规定值后，把振冲器上提 0.3～0.5m。依照这种操作反复进行，直到完成全孔处理。在中粗砂层中施工时，如果出现振冲器不能贯入的情况，可以增加辅助水管，加快下沉速率。振冲密实法施工工艺如图 2-3 所示。

振冲密实法的施工顺序宜沿平行直线逐点进行。

图 2-3　振冲密实法施工工艺

第二节　浅基础施工与桩基础工程

一、浅基础施工

（一）浅基础的类型

以受力状态的不同为分类依据，可将浅基础分为刚性基础和柔性基础两种。其中刚性基础指的是用抗压极限强度比较大而抗剪、抗拉极限强度较小的材料建造的基础，如图 2-4（a）所示。刚性基础的构成材料主要为混凝土、毛石混凝土以及毛石和砖等，主要承受压力，不配置受力钢筋，基础宽与高的比 ［图 2-4（a）中的 b_1/h_1、b_2/h_2、b_3/h_3］或刚性角度有一定限制，即基础的挑出部分（每级的宽高比）不能太大。柔性基础指的是抗压、抗剪、抗拉极限强度都较大的材料建造的基础，如图 2-4（b）所示。柔性基础的构成材料主要是钢筋混凝土，需要配置受力钢筋，且基础的宽度不受宽高比的限制。条形基础（主要指墙下条基）和独立基础（常用于混合结构的砖墩及钢筋混凝土柱基）是建筑基础常用的两种基础，且多选用刚性基础。

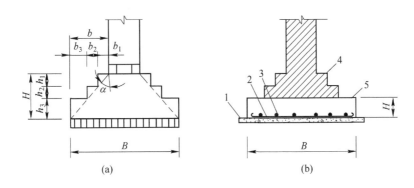

(a)　　　　　　　　　　　(b)

图 2-4　基础

（a）刚性基础；（b）柔性基础

1—垫层；2—受力钢筋；3—分布钢筋；4—基础砌体的扩大部分；5—底板；

α—刚性角；B—基础宽度；H—基础高度

（二）砖基础施工

在砖基础施工过程中，最为常见的基础是墙下或柱下钢筋混凝土条形基础。在具体的施工过程中，柱下基础的地面形状多数情况是矩形的，人们将这一基础称为独立基础，它是条形基础特殊形式的一种（图 2-5、图 2-6）。作为砖基础施工的常用基础之一，条形基础的优势表现为良好的抗弯和抗剪性能，在遇到竖向载荷较大和地基承载力不高的情况时，可选择使用条形基础。之所以选择条形基础，是因为其高度是不受台阶宽高比的限制，比较适合用于"宽基浅埋"的状况，其横断面的形状一般呈倒 T 形。

(a)　　　　　　　　(b)　　　　　　　　(c)

图 2-5　柱下混凝土独立基础

（a），（b）阶梯形；（c）锥形

(a) (b) (c)

图 2-6　墙下混凝土条形基础

（a）板式；（b），（c）梁板结合式

1. 构造要求

砖基础施工具体构造要求：

（1）垫层的厚度为 100mm，混凝土强度等级为 C10，基础混凝土的强度等级不宜低于 C15。

（2）底板受力钢筋的最小直径不宜小于 8mm，其间距不宜大于 200mm。当有垫层时，钢筋保护层的厚度不宜小于 35mm，无垫层时钢筋保护层的厚度不宜小于 70mm。

（3）插筋的具体数目与直径取决于柱内受力的钢筋数量。插筋的锚固及柱的纵向受力钢筋的搭接长度按国家现行设计规范的规定执行。

2. 工艺流程

工艺流程如下：

（1）基槽清理、验槽；

（2）混凝土垫层浇筑、养护；

（3）抄平、放线；

（4）基础底板钢筋绑扎、支模板；

（5）相关专业施工（如避雷接地施工）；

（6）钢筋、模板质量检查，清理；

（7）基础混凝土浇筑；

（8）混凝土养护；

（9）拆模。

3. 施工注意要点

在具体的施工过程中，需要注意以下几点：

（1）基槽（坑）应进行验槽，挖去局部软弱土层，并用灰土或沙砾对其进行分层回填，再将其夯实至与基底相平，最后将基槽（坑）内清除干净。

（2）如果地基的土质良好，且无地下水基槽（坑），可利用原槽（坑）浇筑第一阶，但在浇筑过程中应当保证尺寸的正确性和砂浆的不流失。浇筑上部台阶时应使用支模浇筑，要注意模板支撑的牢固性，堵严缝隙的孔洞，用水将其湿润。

（3）在浇筑基础混凝土时，其高度在 2m 以内，可将混凝土直接卸入基槽（坑）内，但要充满其边边角角；当浇筑高度在 2m 以上时，为防止混凝土产生离析分层，应选择使用漏斗、串筒或溜槽的方式进行浇筑。

（4）浇筑台阶式基础时应当按照台阶的分层一次浇筑完成。在浇筑过程中，应先浇筑边角，再浇筑中间，要注意避免上下台阶交接处混凝土出现蜂窝和脱空现象。

（5）在进行锥形基础浇筑时，如果斜坡较陡，应进行支模浇筑，并防止模板出现上浮现象；如果斜坡较平，可不用支模浇筑，浇筑过程中要注意斜坡及边角部位混凝土的捣固密实，振捣完后，再用人工将斜坡表面修正、拍平、拍实。

（6）当基槽（坑）因土质不一挖成阶梯形式时，应先从最低处浇筑，按每阶高度，其各边搭接长度不应小于 500mm。

（7）混凝土浇筑完后，外露部分应适当覆盖，洒水养护；拆模后，应及时分层回填土方并夯实。

（三）钢筋混凝土独立基础施工

以结构形式为分类依据，钢筋混凝土的独立基础可分为现浇柱锥形基础、现浇柱阶梯形基础、预制柱杯口基础 3 种，如图 2-7 所示。

图 2-7　钢筋混凝土独立基础结构形式
（a）现浇柱锥形基础；（b）现浇柱阶梯形基础；（c）预制柱杯口基础

1. 现浇柱基础施工

在进行混凝土浇筑之前应当先验槽，轴线、基坑尺寸和土质应符合设计规定；应将坑内的浮土、积水和淤泥等杂物清除干净；挖去局部，如软弱土层，用灰土或砂砾进行回填并夯实。在基坑验槽后应马上进行垫层混凝土的浇筑，目的在于保护地基；用表面振动器对混凝土进行振捣，并实现混凝土表面的平整；当垫层达到一定强度之后，可在其上弹线、支模、铺放钢筋网片；为确保钢筋位置的正确性，可用与混凝土保护层相同厚度的水泥砂浆对底部进行垫塞。

在基础混凝土浇灌前，应当将模板和钢筋上的垃圾、泥土和油污等清除干净；堵严模板之间的缝隙和空洞；用水将木模板的表面浸湿，但不能出现积水。对锥形基础进行混凝土浇筑时，应当注意锥体的斜面坡度，为防止模板出现上浮变形现象，斜面部分的板应当随着混凝土浇捣分段支设并顶紧，要注意捣实边角处的混凝土。

在进行基础混凝土浇筑时，应当选用分层连续浇筑的方法。就阶梯形基础而言，对其进行分层时，适合的厚度是一个台阶的高度，为使得混凝土获得初步沉实，每浇完一层台阶应停 $0.5 \sim 1h$，然后再进行上层的浇筑活动。每一台阶浇完，表面应基本抹平。

当基础上有插筋时，为防止浇捣混凝土的过程中发生位移现象，应按照设计的位置对其加以固定；在基础混凝土浇灌完成之后，应在其上覆盖草帘并浇水对其进行养护。

2. 预制柱杯口基础施工

杯口模板可选择木模板或钢定型模板，既可做成整体的，也可做成两部分的，并在中间加一块楔形板。拆模时应先取出楔形板，再取出两片杯口模。为了更加方便拆模，可在杯口模的外面包裹上一层薄铁皮，支模时要固定牢固并压紧杯口的模板。

以台阶分层的方式进行混凝土浇筑。为避免杯口模板在浇筑过程中被挤向一侧，加之杯口模板只在上端固定，在浇捣混凝土时应当在四周对称均匀进行。

杯口基础一般会在杯底留有 50mm 厚的细石混凝土找平层，在进行基础混凝土浇灌时应当注意留出这一空间。在基础浇捣工作完成后，应用倒链将杯口模板在混凝土初凝后和终凝前取出，并将杯口内侧表面混凝土凿毛。

浇灌高杯口基础混凝土时，可选择后安装杯口模板的方式进行，原因是最上一层的台阶较高，不方便施工。

3. 片筏式钢筋混凝土基础施工

片筏式混凝土基础的外形、构造与倒置的混凝土楼盖有一定的相似性，其构成要素包括底板和梁等整体构件，可分为平板式和梁板式两种，如图 2-8 所示。

在浇筑片筏基础前，应当对基坑进行清扫，并支设模板、铺设钢筋。用水将木模板润湿，并将隔离剂涂在钢模板的表面。

混凝土的浇筑方向应当与次梁的长度方向呈平行关系，平板式片筏基础的浇筑方向应与基础的长边方向呈平行关系。混凝土的浇筑应当一次性完成，如果不

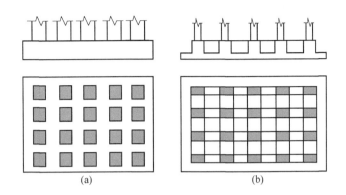

图 2-8　片阀式钢筋混凝土基础结构

（a）平板式；（b）梁板式

能一次性完成整体浇灌，应当留设垂直施工缝，并用木板将其挡住。

当与次梁长度方向相平行进行混凝土浇筑时，应当在次梁中部 1/3 的跨度范围内留设施工缝；平板式基础的施工缝可以留设在任意位置，但前提是要与底板的短边方向平行。对于高出底板部分的梁应选择分层浇筑的方式，且每层浇筑的厚度不宜超过 200mm；当底板或梁上有立柱时，混凝土应浇筑到柱脚顶面，并留设水平施工缝，同时预埋连接立柱的钢筋。在继续浇筑混凝土之前，应当先处理施工缝，处理水平施工缝的方法和处理垂直施工缝的方法一样。

混凝土浇灌完成后，要在其表面覆盖草帘并进行洒水养护，且养护的时间不少于一周。当混凝土基础达到设计强度的 25% 以上时，可将梁的侧模拆除；当混凝土基础达到设计强度的 30% 时，可进行基坑回填。基坑回填应当在其四周同时进行，且以排水方向为基准进行由高到低的分层回填。

二、桩基础工程

（一）柱基础的适用性与特点

桩基础是深基础主要形式的一种，其优点是可以选择深处承载力大的土层来承受上部荷载，同时也可以利用桩周壁的摩阻力来共同承受上部荷载，因此自身的承载力较高、变形小、稳定性好、抗拔力较好，在不同类型的建筑中使用较为广泛。

与天然地基上的浅基础相比而言，包括桩基础在内的深基础具备至少 3 个特点：一是施工特点，即深基础应当使用特定的施工手段和机械，并将基础结构放入深部的较好地层中；二是传力特点，即由于深基础的入土深度（如桩长 l）和基础结构宽度（如桩径 d）都比较大，便决定了在判断深基础的承载力时，不仅不能忽略基础侧面的摩阻支承力，且这一力量反而有可能会发挥重要作用；三是位于浅基础下的地基可能会出现不同的破坏模式，而深基础下的地基只有剪切这一种破坏。

（二）桩基础的类型

1. 按桩的承载性状分类

身处竖向荷载作用下的桩，承载其顶部荷载的是桩端的端阻力和桩与桩侧岩土间的侧阻力。桩侧和桩端阻力的大小以及它们分担荷载的比例取决于 3 个要素，分别是桩侧、桩端岩土的物理力学性质、桩的尺寸以及桩的施工工艺。以此为依据，可将桩基础分为以下两种：

（1）摩擦型桩。摩擦型桩包括：

1）摩擦桩。即在竖向极限荷载作用下，承担桩顶荷载的是桩侧阻力，桩端的阻力小到可以忽略不计。

2）端承摩擦桩。即在竖向极限荷载作用下，承担桩顶荷载的是桩侧阻力和桩端阻力，但其中其主要作用的是桩侧阻力。

（2）端承型桩。端承型桩包括：

1）端承桩。即在竖向极限荷载作用下，承载桩顶荷载的是桩端阻力，桩侧阻力小到可以忽略不计。

2）摩擦端承桩。即在竖向极限荷载作用下，承担桩顶荷载的是桩侧阻力和桩端阻力，但其中起主要作用的是桩端阻力。

2. 按施工方法分类

以施工方法为分类依据，可将桩基础分为预制桩和灌注桩两种：

（1）预制桩。这里所说的预制桩主要是指钢筋混凝土预制桩，具体分为钢筋混凝土预制桩和预应力钢筋混凝土预制桩两种。

普通混凝土预制桩的截面形状、尺度、长度等可按照自己的需要在一定范围内进行选择，其截面形状也各有不同，常见的有方形和圆形两种，实心方桩的边长多为 250~550mm。就现场预制桩而言，其长度一般为 25~30m 以内，适合在工厂预制，并需要对其进行高温蒸汽养护。经过高温蒸汽养护之后，达到设计强度的桩需要放置一个月左右才可以使用。

以上大截面实心桩的自身重量较大，起吊、运输、吊立和沉桩等各阶段的应力控制对其配筋数量具有决定性作用，由此也使得其需要较大数量的钢筋。

对预应力钢筋混凝土桩桩身的主筋施加预拉应力之后，会施加于混凝土之上，从而使起吊时桩身的抗弯能力和冲击沉桩时的抗拉能力得以提升，达到改善抗裂性能和减轻自重的目的，也可以在一定程度上减少钢筋的使用量。

制作以上桩的方法最常用的有两种，分别是离心成型法和先张法。

（2）灌注桩。灌注桩是指直接在设计的桩位处成孔，并在其中放入钢筋笼（不放也可），然后将混凝土灌入其中制成的桩。与预制钢筋混凝土桩相比而言，灌制桩具有以下优势：

1）以使用期内桩身内力的大小为配筋依据，可选择配筋或不配筋，达到节约钢材的目的。

2）按照桩的实际长度进行混凝土灌注，省去了接桩和切桩的环节，可以节省原材料和较少工作量。

3）灌注桩的制作过程中一般没有打桩产生的振动和噪声，也就不会对周围已建成的建筑物带来安全隐患。

4）灌注桩过程中嵌入岩层的为桩径或桩底，可在一定程度上提高桩的承载力。

5）灌注桩一般在施工现场进行灌注，从而省去了中间的运输问题，即使是在交通不便的场地也不会受到运输问题的影响。

6）灌注桩的成型环境一般为地下较为隐蔽的地方。因此，施工时的成桩质量对于灌注桩承载力的大小具有决定性作用。基于此，如果是较为重要的建筑物，对现场质量进行检测是很有必要的一项工作。

3. 按桩的使用功能分类

以桩的使用功能为分类依据，桩基础可以分为：

（1）竖向抗压桩。竖向抗压桩也可称为抗压桩，主要是指承受上部结构竖向下压荷载（垂直荷载）的桩，多见于一般工业和民用建筑物。

（2）竖向抗拔桩。竖向抗拔桩也可称为抗拔桩，主要是指承受竖向拉拔荷载的桩，例如板桩墙后的锚桩。

（3）水平受荷桩。水平受荷桩主要是指承受水平荷载的桩，例如港口码头工程所用的板桩。

（4）复合受荷桩。复合受荷桩主要是指承受竖向和水平向荷载均较大的桩，例如高耸建筑物的桩基础。

（三）桩基础施工

1. 预制桩施工

预制桩的施工地点为混凝土构件厂和施工现场，当混凝土强度达到设计强度的100%时便可以进行运输和打桩。预制桩的制作工艺较为简单，且质量容易有保证，其不足之处就是用钢量较大，因此造价也相对较高。预制桩施工的常用方法有3种，分别是静力压桩、锤击沉桩、振动沉桩。

A　静力压桩

所谓的静力压桩主要是利用压桩机的静压力（自重和配重）在软土基上将

预制桩压入土中的方法，是一种较为常用的沉桩方法之一。

静力压桩的特点主要表现为以下 4 点：

（1）施工过程中不会产生噪声，也没有震动，因此对周围环境的影响较小，适合于城市施工。

（2）静力沉桩与锤击沉桩两者相比，前者具有成本低和节省材料的优势，而后者在施工过程中，桩体因为锤击会产生较大的锤击应力。再加上桩本身的长度又比较长，使得施工过程中不得不提高桩的混凝土等级（一般用 C30 或 C40），并加大其配筋量。与锤击沉桩相比，静力压桩过程中不存在锤击力，也可以采用分段预制的方式进行，最后将拼接好的桩压入土中，从而可降低桩的混凝土强度等级（一般为 C20），相应地截面尺寸和配筋量也会减少。有统计显示，与锤击沉桩相比，静力压桩的方式可节省约 26% 的混凝土，节省约 47% 的钢筋，并节省约 26% 的造价成本。

（3）静力压桩过程中不需要承受锤击力，只受静压力的影响，从而避免了由于桩顶破碎和桩身断裂而出现的安全事故，在一定程度上保障了桩的施工质量。

（4）在静力压桩过程中可以对单个桩需要承受的承载力进行预估。压桩的阻力与桩的承载力两者之间是一种线性关系，由此在施工过程中可不用做试桩就可以得出单桩的承载力，为桩基设计和施工带来了很大的方便。

静力压桩常用的机械设备有两种：一种是机械静力压桩机；另一种是液压静力压桩机。液压静力压桩机的构成主要包括压桩夹头、夹持千斤顶、主液压千斤顶、机架、行走机构及压重等部分，其优势体现为可以纵、横两个方向行走及回转，移动方便，压桩速度快。

静力压桩的施工工艺主要包括 9 个方面，分别是场地清理和处理、测量桩位、桩机就位、吊桩插桩、桩身对中调直、静力压桩、接桩、终止压桩和桩头处理。以下分别对这 9 个方面工艺进行介绍，即：

（1）场地清理和处理。即清除位于施工区域内地上和地下的障碍物，并将场地清理平整和压实。这一工作流程的主要目的是方便运输车辆和压桩机的行走与施工。

（2）测量桩位。即以施工图纸为依据进行测量和放线，具体方法为由整体到局部，也就是先放建筑物角点桩，再利用角点桩放主轴线，利用主轴线再放其他轴线，最后放出每个桩位。在桩位中心要做一个明显的标记，可以利用小木桩（或钢筋）代表这一标记。例如在软弱场地进行施工时，要在机械就位后进行重新测定或者对桩位加以复核，原因在于桩位标志可能会在桩机的行走过程中被挤走。

（3）桩机就位。即利用行走装置完成桩机的就位工作，这一工作流程的构成要件包括桩机的横向行走、桩机的纵向行走以及桩机的回转机构。

（4）吊桩插桩。即利用起重机或汽车将桩运至压桩机附近，然后借助于压桩机身设计的起重机将桩吊入夹持器中，最后进行对位插桩。

（5）桩身对中调直。即通过液压步履式压桩机的横向行走油缸和纵向行走油缸将桩尖对准桩位，并同时开动夹持油缸和压桩油缸，将桩压紧并压入土中1m左右后停止，然后对桩的垂直度进行检查和调整，决定压桩质量的关键因素是第一节桩是否垂直。

（6）静力压桩。压桩这一工作流程应当是连续进行的，中间不应有过长的间歇。在压桩过程中，应当随时记录桩的入土深度和压力表读数的关系，从而准确判断桩的质量。当压力表出现突然上升或突然下降的情况时，应当对其进行仔细分析，从而判断是否在压桩过程中遇到了障碍或者是否出现了断桩现象。

（7）接桩。当桩较长时，接桩是必不可少的，即将几节桩连接成一根桩。接桩应在前一节桩压至桩顶离地面 0.5~1m 时进行。为保证接桩的质量，应当尽可能地缩短接桩时间，同时也要注意因桩身与土体固结而为压桩增加难度。接桩的方法有 3 种，分别是焊接法、法兰螺栓连接法和硫磺浆锚法。其中，焊接法是目前较为常用的接桩方法。利用焊接法进行接桩时，应当注意对准下节桩，如果节点间出现间隙，应当用铁片将其垫实焊牢。进行焊接前应当除去节点部位预埋件和铁角的锈迹和污垢，并时刻保持清洁。焊接时应首先将四角点焊固定，在对其位置的正确与否进行检查以后，为减少焊接过程中出现的变形现象，要由两位焊工对角同时施焊，焊缝要连续饱满，焊缝的宽度和厚度应当符合设计要求。

（8）终止压桩。对于纯摩擦桩，其终压时的控制条件为设计的桩长；对于长度大于 21m 的端承摩擦桩，其终压时的控制条件是以设计桩长为主，以终压力值为辅；对于设计承载力较高的桩，其终压力值应当尽量接近压桩机的满载值；对于 14~21m 的静压桩，其终压时的控制条件为终压力达到满载值；对于桩周土质较差且设计承载力较高的桩，其复压的次数在 1~2 次为最佳；对于长度小于14m 的桩，则应当对其进行连续且多次的复压。

（9）桩头处理。当桩顶设计标高低于地面或桩顶接近地面而压桩力尚未达到规定值时，应当选择送桩器进行送桩；当桩顶高出地面而压桩力已达到规定值时，则应当及时截桩，目的是为了方便后续的压桩和桩机就位。

B　锤击沉桩

锤击沉桩就是平时人们所说的打桩，是指利用打桩机桩锤的冲击动能将桩打入土中的方法。打桩机的装置主要包括桩锤、桩架和动力装置。在混凝土预制柱过程中，最为常用的施工方法就是锤击沉桩，其优势为施工速度快、机械化程度高、适用范围广，且施工现场的文明程度较高；但缺点是在施工过程中会产生噪声污染和振动，因此在市中心和夜间施工时会受到一定的限制。锤击沉桩时应注意：

（1）锤击沉桩的施工工艺。锤击沉桩的施工工艺与静力压桩的施工工艺流程大致相同，其不同之处主要为桩机设备和沉桩方法。锤击沉桩的施工工艺具体为：

1）场地清理和处理；

2）测量桩位；

3）桩机就位；

4）定锤吊桩；

5）桩身对中调直；

6）锤击沉桩；

7）接桩；

8）再锤击沉压桩；

9）终止压桩。

（2）确定打桩顺序。在锤击沉桩过程中，打桩之前首先应当做的是确定合理的打桩顺序。在确定打桩顺序时，应当考虑两方面因素，分别是打桩时土体的挤压位移对桩基施工质量的影响和对邻近建筑物的影响。此外，在打密集群桩时，土体的竖向位移和水平位移量都很大，地面上隆起高者可达 400～500mm。水平位移因桩的打设方向不同而不同，主要沿打设方向的一边，水平位移的影响距离可达 50～60m。由此可见，如果打桩的顺序出现了错误，则有可能导致已经打入的桩因受挤而上举，从而使得桩尖因脱离设计标高导致其承载能力降低和沉降量增大，也有可能导致后打的桩因土挤紧打入困难，使得桩的入土深度较小，达不到设计标高，严重的会使桩身出现断裂。同时，因挤土的水平位移较大，且对附近建筑物的影响也较大，所以在打桩前确定正确的打桩顺序是很有必要且十分重要的。

以桩的密集程度为依据，常见的打桩顺序有以下 3 种（见图 2-9），分别是由一侧向单一方向进行（亦称逐排打设）、自中间向四周进行和自中间向两个方向对称进行（分段打设）。

例如，对于较为密集的桩群（即桩距小于 4 倍桩径），当打桩现场位于三面有建筑物、一面是开阔地段时，正确的打桩顺序是自建筑物的一侧向开阔地段方向逐排打设，如图 2-9（a）所示。为避免土体朝同一方向挤压，应当逐排改变打桩的推进方向，必要的时候可以采用同一排桩间隔跳打的方式，从而减少土体挤压对沉桩施工质量的影响。当邻近四周都有建筑物时，应当采用自中间向四周打桩方式，如图 2-9（b）所示，也可以采用向两个方向呈对称施打的方式，如图 2-9（c）所示。这一打桩顺序可以使土由中间向四周或两侧挤压，并对邻近建筑物的影响减少到最小，同时发挥保证施工质量的作用。如果桩距大于 4 倍桩径，这时挤压的影响相对较低。

图 2-9 几种打桩顺序

(a) 由一侧向单一方向进行（逐排打设）；(b) 自中间向四周进行；
(c) 自中间向两个方向对称进行（分段打设）

以基础设计标高为依据，应采取先深后浅的打桩顺序；以桩的规格为依据，应采取先大后小、先长后短的打桩顺序。

打桩施工。打桩施工的具体内容如下：

（1）桩的提升就位。即将桩运到桩架下，并利用桩架的滑轮组将桩提升吊起至垂直状态，然后将桩送入桩架的龙门导杆内，使得桩尖对准桩位。桩顶上应当垫有桩垫，并安有桩帽，加上桩锤，使得三者位于同一中心上，再将桩锤缓慢落至桩帽上，在自重和锤重的双重作用下，桩会沉入土中一定深度，经再次检查无误后方可开始打桩。

（2）打桩。在开始打桩时，落距不宜过大，入土一定深度待桩稳定后再按要求的落距施打。常用的打桩方式有两种，分别为"轻锤高击"和"重锤低击"。两种方法所做的功是一样的，其中，前一种方法所得的动量较小，但因为桩锤对桩头的冲击力较大，因此其回弹也相对较大，锤击能量很大部分消耗在桩锤回弹上，故桩不易打入土中，且桩头容易打碎；后一种方法刚好与之相反，其所得的动量较大，但因桩锤对桩头的冲击较小，由此使得其回弹也相对较小，大部分能量都被用来克服桩身与土的摩阻力和桩尖的阻力，使得桩既可以很快被打入土中，且桩头也相对不宜被破坏。最适合锤击沉桩时使用的打桩方法为第 2 种，即"重锤低击"。

就施工的实践经验而言，一般情况下，用落锤或单动气锤打桩时，桩锤的落距最大不宜超过 1m；用柴油锤时，则应使锤跳动正常（一般不大于 1.5m）。

（3）打桩的注意事项。首先，应当注意桩锤的回弹情况。正常情况下桩锤的回弹较小，如果发现桩锤经常出现回弹较大，桩下沉量小的现象，说明桩锤太轻，这时应当更换桩锤；其次，应当注意桩的贯入度是否有突变现象。在打桩过程中，如果发现桩的贯入度骤减，桩锤回弹增大，这时应当减小落距锤击，如果情况依旧没有好转，说明桩下有障碍物在，这时应当对其加以研究处理，而不能盲目施工。再次，应当注意打桩时应连续施打，如果中间停歇的时间过长，会导致因桩身周围土的凝结，使打桩的难度加大；然后，在打桩过程中要时刻做好打桩记录。之所以要注意这一点，是因为打桩是一项隐蔽工程，做好打桩记录可以为工程质量验收提供依据。最后，应当注意打桩机在打桩过程中工作的情况和工作的稳定性，要经常对机件的运转情况进行检查，查看其是否出现了异常，还要检查绳索是否出现了损伤、桩锤的悬挂是否牢固以及桩架的移动固定是否安全等。

C　振动沉桩

振动沉桩的原理是以固定于桩头上的振动箱产生的振动力为力量来源，使得桩与土壤之间的颗粒性减少，实现桩在自重与机械力的作用下沉入土中。

振动沉桩这一方法适用的土壤类型有砂土、砂质黏土和亚黏土层，其中，效果最好的是含水的砂层，在砂砾层中使用这一方法时应当配合水冲法。

振动沉桩有其自身的优势和不足，其优势主要表现为设备构造简单、使用方便、较高的效能、较少的动力消耗以及较少的附属机设备；其不足之处主要表现为较为狭窄的适用范围，在黏性土以及土层中夹有孤石的情况下使用这一方法是极其不恰当的。

2. 灌注桩施工

灌注桩的特点众多，如不受地层变化的限制，不需要接桩和截桩，节约钢材、振动小、噪声小等；尽管如此，其缺点也十分明显，如施工工艺复杂、影响质量的因素众多。灌注桩根据成孔方法可以分为钻孔灌注桩、人工挖孔灌注桩、湿作业机械成孔灌注桩、套管成孔灌注桩等。

A　钻孔灌注桩施工

钻孔灌注桩是指利用钻孔机械把桩孔钻出来，并在桩孔里浇灌混凝土（或者先在孔中吊放钢筋笼）而成的桩。钻孔灌注桩又可分为干作业成孔和泥浆护壁成孔两种方法，其分类依据是钻孔机械的钻头是否在土壤的含水层中施工。在此仅阐述干作业成孔灌注法。

干作业成孔灌注法是用钻机在桩位上成孔，在孔中吊放钢筋笼，再浇筑混凝土的成桩工艺；干作业成孔适用于地下水位以上的各种软硬土层，施工过程中不需要设置护壁就可以直接钻孔取土形成桩孔。目前最常用的钻孔机械是螺旋钻机。

a　螺旋钻成孔灌注桩施工工艺

螺旋钻机利用动力旋转钻杆，钻杆带动钻头上的螺旋叶片旋转切削土层，土渣沿螺旋叶片上升排出孔外。螺旋钻机成孔直径一般为 $300 \sim 600$ mm 左右，钻孔深度 $8 \sim 12$ m。

钻杆根据叶片螺距的不同，可分为密螺纹叶片和疏螺纹叶片。其中密螺纹叶片较适合可塑或硬塑黏土或含水量较小的砂土，钻进时的速度缓慢而均匀；疏螺纹叶片适用于含水量大的软塑土层，由于钻杆在相同钻速下疏螺纹叶片比密螺纹叶片向上推进快，所以钻进速度也比密螺纹叶片快。

螺旋钻成孔灌注桩施工流程如下：

（1）钻机就位；

（2）钻孔；

（3）检查成孔质量；

（4）孔底清理；

（5）盖好孔口盖板；

（6）移桩机至下；

（7）桩位；

（8）移走盖口板；

（9）复测桩孔深度及垂直度；

（10）安放钢筋笼；

（11）放混凝土串筒；

（12）浇灌混凝土；

（13）插桩顶钢筋。

钻进时要求钻杆垂直，钻孔过程中如果遇到钻杆摇晃或进钻困难的情况，可能是遇到石块等硬物，要立即停车检查，进行处理，以免损伤钻具或导致桩孔偏斜。施工过程中，一旦发现钻孔偏斜，应提起钻头上下反复扫钻数次，把硬土削去，如果还是没有效果，就应该在孔中回填黏土至偏孔处以上 0.5m，之后再重新钻进。一旦成孔时发生坍塌，应该钻至塌孔处以下 1~2m 处，再用低强度等级的混凝土填至塌孔以上 1m 左右，混凝土初凝后再继续下钻至设计深度，当然也可以使用 3∶7 的灰土替代混凝土。

钻孔达到要求的深度后，就可以进行孔底土清理，也就是钻到设计的钻深后，必须在深处空转清土，之后停止转动，提钻杆，不得回转钻杆。

提钻后要检查成孔的质量，需要用测绳（锤）或手提灯测量孔深垂直度和虚土厚度。测量深度与钻孔深的差值等于虚土厚度，一般虚土厚度不超过 100mm。如果清孔时有少量浮土泥浆较难清除，可以投入 25~60mm 厚的卵石或碎石插捣，来挤密土体；或者用夯锤夯击孔底虚土或者用压力在孔底灌入泥浆，这些都可以减少桩的沉降和提高其承载力。

钻孔完成后要尽快吊放钢筋笼并浇筑混凝土。混凝土应该分层浇筑，每层高度不得大于 1.5m，混凝土的坍落度在一般黏性土中为 50~70mm，砂类土中为 70~90mm。

　　b　螺旋钻孔压浆成桩法施工工艺

　　螺旋钻孔压浆成桩法是基于螺旋钻孔灌注桩发展起来的一种新工艺。其工艺原理是，用螺旋钻杆钻到预定的深度后，通过钻杆芯管底部的喷嘴，由孔底自下而上向孔内高压喷射以水泥浆为主剂的浆液，使液面升至地下水位或无塌孔危险的位置以上，提起钻杆后，在孔内安放钢筋笼且在孔口通过漏斗投放骨料，最后再由孔底向上多次高压补浆即可。

　　它的施工特点是连续一次成孔，多次自下而上高压注浆成桩，具有无噪声、无振动、无排污的优点，同时还能在流沙、卵石、地下水、易塌孔等复杂地质条件下顺利成桩，并且因为其扩散渗透的水泥浆可大大提高桩体质量，使得其承载力是一般灌注桩的 1.5~2 倍，在国内很多工程中都得到了成功应用。

　　它的施工顺序（见图 2-10）如下：

　　(1) 钻机就位。

　　(2) 钻至设计深度空钻清底。

　　(3) 一次压浆，把配置好的水泥浆自下而上一边提钻一边压浆。

　　(4) 提钻。压浆到塌孔地层以上 500mm 后提出钻杆。

　　(5) 下钢筋笼。将塑料压浆管固定在制作好的钢筋笼上，使用钻机的吊装设备吊起钢筋笼对准孔位，下到设计标高，固定钢筋笼。

　　(6) 下碎石。碎石通过孔口漏斗倒入孔内，再用铁棍捣实。

　　(7) 二次补浆。与第一次压浆的间隔不得超过 45min，利用固定在钢筋笼上的塑料管进行第二次的压浆，压浆完毕后立即拔管洗净备用。

图 2-10　螺旋钻孔压浆成桩施工顺序
(a) 钻机就位；(b) 钻进；(c) 一次压浆；(d) 提出钻杆；
(e) 下钢筋笼；(f) 下碎石；(g) 二次补浆

B 人工挖孔灌注桩施工

人工挖孔灌注桩是运用人工挖掘方法成孔，之后放置钢筋笼，浇筑混凝土形成桩基础。该施工特点包括：设备简单；施工速度快，可按照施工进度要求决定同时开挖桩孔的数量，必要时各桩孔可以同时施工；无噪声、无振动、不污染环境，对施工现场附近建筑物的影响较小；土层情况明确，可以直接对地质变化进行观察，桩底沉渣能清理干净，施工质量十分可靠。

当高层建筑选择大直径的灌注桩，且施工现场又在狭窄的市区时，采用人工挖孔要比机械挖孔更具有强大的适应性。但其缺点也十分明显，如人工耗量大、开挖效率低、安全操作条件差等。

施工时，为了保证挖土成孔施工的安全性，必须考虑防孔壁坍塌和发生流沙现象时的措施。因此，施工前要根据地质水文资料，拟定出合理的护壁措施和降排水方案，如现浇混凝土护壁、沉井护壁、喷射混凝土护壁等护壁方法。

a 现浇混凝土护壁

现浇混凝土护壁法施工就是分段开挖、分段浇筑混凝土护壁，不仅可以防止孔壁坍塌，还可以起到防水作用。现浇混凝土护壁施工工艺流程如图 2-11 所示。

图 2-11 现浇混凝土护壁施工工艺流程

桩孔采用分段开挖，根据土壁直立状态的能力决定每段的高度，一般 0.5~1m 是一施工段，开挖井孔直径为设计桩径加混凝土护壁厚度。

护壁施工段，也就是支设护壁内模板（工具式活动钢模板）后浇筑混凝土，模板的高度是由开挖土方施工段的高度决定的，通常是 1m，由 4~8 块活动钢模板组合而成，支成有锥度的内模。内模支设后，吊放用角钢和钢板制成的两半圆形合成的操作平台入桩孔内，置于内模板顶部，用来放置料具和浇筑混凝土。混凝土的强度大部分都不低于 C15，浇筑混凝土时要注意振捣密实。

当护壁混凝土的强度达到 1MPa 时（常温下约为 24h）即可拆除模板，开挖下段的土方，再支模浇筑护壁混凝土，如此反复循环，直到挖到设计要求的深度。

当桩孔挖到设计的深度，且检查孔底土质已达到设计要求后，就可以再在孔底挖成扩大头。等桩孔全部成型后，用潜水泵抽出孔底的积水，之后立即浇筑混凝土。当混凝土浇筑到钢筋笼的地面设计标高时，再吊入钢筋笼就位，并继续浇筑桩身混凝土，形成桩基。

b　沉井护壁

沉井护壁法适用于桩径较大、挖掘深度大、地质复杂、土质差（松软）、地下水位高的挖孔施工。

沉井护壁施工程序是先在桩位上制作钢筋混凝土井筒，井筒下捣制钢筋混凝土刃脚，之后在筒内挖土掏空，井筒依靠自身的重力或附加其上的荷载克服筒壁与土体之间产生的摩擦阻力，一边挖一边沉，使其垂直地下沉到设计要求的深度。

C　湿作业机械成孔灌注桩施工

采取泥浆护壁湿作业成孔可以解决很多问题，如施工中地下水带来的孔壁塌落、钻具磨损发热和沉渣等。泥浆的相对密度、含砂量、黏度、pH 值、稳定性等要符合规定的要求，泥浆的选料不仅要考虑护壁的效果，还要考虑经济性，最好使用当地材料，注入的泥浆密度应控制在 1：1 左右，排除泥浆的相对密度为 1.2~1.4。

湿作业成孔机械有回转钻机、潜水钻机、冲击机等，而目前灌注桩施工使用最多的机械就是回转钻机。此机械配有移动装置，设备性能可靠、噪声小、振动小、效率高、质量好，适用于松散土层、黏土层、砂砾层、软岩层等地质条件。

a　回转钻机成孔

回转钻机是由动力装置带动回转装置转动，由钻头切削土壤，形成土渣，再通过泥浆循环排除桩孔。根据泥浆循环方式的不同，可把回转钻机分为正循环和反循环，图 2-12（a）所示是正循环回转钻机成孔的工艺示意图，泥浆由钻杆内部注入，从钻杆底部喷出，携带钻下的土渣沿孔壁向上流动，并由孔口把土渣带出流入沉淀池，经过沉淀的泥浆流进泥浆池后再注入钻杆，如此反复循环，当孔深不太深、孔径小于 80mm 时钻进效率较高。

图 2-12（b）所示为反循环回转钻机成孔，由图可知泥浆由钻杆与孔壁间的环状间隙流入钻孔，钻杆在泥浆泵的作用下，其内部会出现真空，从而使得钻下的土渣由钻杆内腔吸到地面，然后再流向沉淀池，经过沉淀以后，流经泥浆池最

后到达钻孔。反循环工艺流程的优势是泥浆上流的速度较高，且排放土渣的能力较强，是目前直径成孔施工较为有效的工艺之一，在工程施工中的应用范围也较为广泛。反循环工艺宜使用于孔深大于 30m 的端承型桩。

(a)　　　　　　　　　　　　　　　(b)

图 2-12　泥浆循环成孔工艺

（a）正循环；（b）反循环

1—钻头；2—泥浆循环方向；3—沉淀池；4—泥浆池；5—泥浆泵；
6—砂石泵；7—水龙头；8—钻杆；9—钻机回转装置

在回钻机进行钻孔之前，应先将护筒埋设至桩位孔口处，其目的在于对桩孔位置加以固定、对孔口起到一定的保护作用，并防止塌孔的出现。护筒的制作材料为 4~8mm 厚的钢板，其内径比钻头直径大 100mm，埋设位置为桩位附近，就一般情况而言，护筒埋入土中的深度不宜小于 1~1.5m，特殊情况下埋设深度可适当加大。埋设护筒时，其顶面应当高出地面（水面）400~600mm，并用黏土将其周围填实，最后在其顶部开设溢浆口，溢浆口的数量在 1~2 为最宜。在钻孔过程中，护筒内泥浆液面应当时刻高于地下水位。

　　b　潜水钻机成孔

潜水钻机如图 2-13 所示，是一种旋转式钻孔机械，因其动力与变速机构和钻头连接在一起，因此可以下放至孔中地下水位以下进行切削土壤成孔。潜水钻机成孔的流程是将泥浆以正、反循环工艺的方式注入其中，然后再进行护壁，并将钻下的土渣排出孔外。利用潜水钻机钻孔之前，应当预先埋设护筒，具体的施工流程与回转钻机成孔相似。

　　c　冲击钻成孔

冲击钻的结构构成如图 2-14 所示，主要用于岩土层的钻孔工程。在成孔时，冲击钻会将先将冲锥式钻头提升到一定高度，再以自由下落的方式将岩层打碎，最后将孔内的渣浆用掏渣筒掏出。

图 2-13　潜水钻机

1—钻头；2—潜水钻机；3—电缆；4—护筒；5—水管；6—滚轮支点；7—钻杆
8—电缆盘；9—卷扬机；10—控制箱

(a)　　　　　　　　　　　　　　　(b)

图 2-14　冲击钻机成孔

（a）冲击钻机成孔；（b）十字形冲头

1—滑轮；2—主杆；3—拉索；4—斜撑；5—卷扬机；6—垫木；7—十字形冲头

D　套管成孔灌注桩施工

套管成孔灌注桩施工即打拔管灌注桩，主要采用一根与桩的设计尺寸相适应的且下端带有桩尖的钢管，利用锤击或振动的方法将其沉入土中，在其中放入钢筋笼子，然后再灌入混凝土，在灌注混凝土的过程中边灌边将钢管拔出，并利用拔管时的振动捣实混凝土。

锤击沉管过程中可使用柴油锤将钢管打入土中，如图 2-15 所示；振动沉管过程中是将钢管上端与振动沉桩机刚性连接，利用振动力将钢管打入土中，如图 2-16 所示。

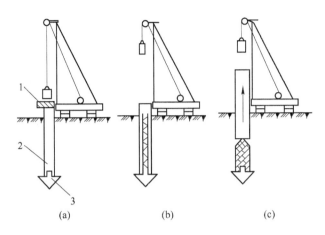

图 2-15 锤击套管成孔灌注桩

（a）钢管打入土中；（b）放入钢筋骨架；（c）随浇混凝土拔出钢管

1—桩帽；2—钢管；3—桩靴

钢管下段的构造分为两种：一种是开口。即在沉管时套上钢筋混凝土的预制桩尖，拔管时将桩尖留在桩底土中。另一种是管端带有活瓣桩尖（见图 2-17）。沉管时桩尖活瓣呈合拢状态，灌注混凝土和拔管时活瓣呈打开状态。

图 2-16 振动套管成孔灌注桩

（a）沉管后浇注混凝土；（b）拔管；

（c）桩浇完后插入钢筋

图 2-17 活瓣桩尖

拔管的方法主要有以下 3 种：

（1）单打法。单打法也可称为一次拔管法。拔管时每次提升 0.5~1m，振动 5~10s 后，再拔管 0.5~1m，如此反复进行，直到全部拔出为止。

（2）复打法。即在同一桩孔内进行两次单打或根据要求进行局部复打。

（3）翻插法。即将钢管每提升 0.5m，再下沉 0.3m，或每提升 1m 再下沉 0.5m，如此反复进行直至拔离地面。这一方法的优点是可以消除在淤泥层出现的缩径现象，缺点是在坚硬土层中易损坏桩尖。

在套管成孔灌注桩施工中，经常会出现以下质量问题：有隔层，即灌注桩混凝土中部有空隔层或泥水层、桩身不连续；缩径，即桩身某处桩径缩减，小于设计断面；断桩；吊脚桩，即桩底部混凝土隔空或混进泥砂而形成松软层，见表 2-4。

表 2-4　套管成孔灌注桩施工常见质量问题分析与防治

项　目	隔　层	缩　径	断　桩	吊脚桩
用动测、测锤识别	√	√	动测	√
成　因	混凝土和易性差，拔管速度过快	高孔压；土太软	临桩挤压或终凝不久受外力	泥砂、水挤入桩管；桩尖打开晚
预防方法	改善和易性；密振	控制拔管速度；管内混凝土高度不小于 2m	桩距 ≥ 4 桩径；跳打法；间歇打；避免近距离外力作用	提高桩尖密封性；测锤监测并配合密振
防　治	反插、复打；补桩	复打；补桩	补桩	填砂重打；反插、复打；补桩

第三节　灌注桩施工工程案例

一、某灌注桩的施工方案概述

某拟建的多层公寓二号地块，工程地址为×××××村。该工程东到西塘中路，北到花园路，南为市机电公司用地。该工程建筑数量为 5 幢，楼层数为 16~24 层，为高层建筑并带有相应的附属建筑，有一个大型的一层地下停车库。工程的开发公司为××房产公司，设计公司为×××设计研究院，岩土的勘察工作由××市勘测设计研究院完成，中标工期为 70d。

二、工程桩数量

工程桩数量见表 2-5。

表 2-5　××钻孔灌注桩的工程数量表

编　号	子项名称	桩型/mm	桩长/m	桩数/根	地质资料上的成孔深度/m
1	1 号楼	$\phi800$	50	296	55
2	2 号楼	$\phi600$	24	24	32
3	3 号楼	$\phi800$	50	244	58
		$\phi600$	40	6	43.5
4	4 号楼	$\phi800$	40	62	37
5	5 号楼	$\phi600$	40	55	47.5

桩身的混凝土类型为预拌混凝土，其强度等级为 C30，坍落度为 18~20cm，混凝土灌注前孔底沉渣不大于 50mm，桩身混凝土加灌高度为 1.5m。

三、地貌、地基工程的地质特征

有关工程地质情况的详细报告由××勘测设计研究院提供，拟建设的工程场地复杂程度为中等复杂，地基的复杂程度为中等复杂。

四、施工准备

施工准备包括：

（1）准备必需的技术资料，制定相应的保证措施。

（2）施工中需要用到的经纬仪、水准仪等需要先送至计量局进行检验，经检验合格后才可以送达工地。

（3）进行技术交底。

（4）将现场清理干净，主要工作内容为将施工现场地下和地上的障碍物清理干净。

（5）对规划的经线进行复核，并进行桩基轴线放样与桩位布置工作，将桩基定位点、水准点引出施工影响范围外，确保基准点、水准点不受施工影响，并加以保护。

（6）配合施工总承包方的工作，将施工场地清理平整，并安排施工场地和施工材料的堆放，布置泥浆循环系统，挖好泥浆池并用砖块砌好。

（7）打试桩，全场施工前特开打的第一根工程桩作为试桩，并邀请有关部门参加（建设单位、设计、质检、监理、勘测等人员），对试桩成孔的孔径、垂直度、孔壁稳定、沉渣、岩样和嵌岩深度、充盈系数等进行检测，对能否满足设计要求需进一步核对地质资料，检验施工工艺是否符合设计、施工规范要求，以确定工程桩施工中的有关参数，为工程桩全面开打做好准备。

（8）编制施工劳动力安排表、施工机具及配套设备表、材料计划安排表。

（9）进行临时设施设置，引入施工用水、电。

五、技术准备

技术准备的主要工作是建设物位置的定位放线，这一工作的具体内容为：以规划部门制定的红线为基准进行定位放线，在遵循总平面图的前提下划定标准轴线，并绘制测量定位记录，做好高程引进工作。最后对坐标点进行复测和监理复查。在测量放线时应当注意：

（1）核验标准轴线桩的位置。

（2）对照施工平面图检查建筑物各轴线尺寸。

（3）校验基准点和龙门桩高程。

（4）填写工程定位测量记录和绘制定位测量图，并在图上注明方向，测量起始点，测量顺序，测量结果，并有复测人和监理签字。

六、大口径钻孔灌注桩施工

（一）施工工艺流程图

施工工艺流程如图 2-18 所示。

图 2-18　钻孔灌注桩的施工工艺流程

（二）桩位放样

在进行桩位测量放线时，应当与设计提供的桩位平面图相统一。为方便对数据进行检验和校核，应当有放线控制点夹角和距离，桩位放样用 φ14 的钢筋全部打入至高出地面 20~30cm 处，在其顶部涂上红漆作为标志。为保证桩位的正确性，应及时通知监理和业主对其加以复核。

（三）护筒及其埋设

该工程使用的护筒由厚度为 4mm 的钢板制成，在其上部留有溢浆口，并焊有吊环。每节护筒的长度为 1.2~1.5m，护筒内径大于钻头直径 100mm，埋设完毕后其平面偏差不大于 20mm。

（四）钻机移位对中

钻机就位时，必须校对桩位中心、轴线及水平位置。为确保桩机在施工中的固定性，应保证桩机就位的水平和稳固。其垂直度必须符合规范要求（≤1%）。

（五）成孔施工要点

将钻点回转中心对准护筒中心，其偏差不大于 20mm，开动泥浆泵使泥浆循环 2~3min，然后再开动钻机，慢慢将钻头放至孔底，在护筒刃脚处低档慢速钻进，钻至刃脚下 1m 后，再根据土质情况以正常速度钻进。

钻进的速度由土质情况、孔径大小和钻孔深度决定：淤泥质土最大钻速不大于 1m/min，其他土层以钻机不超负荷为准；在风化岩或其他硬土层中的钻进速度以钻机不产生跳动为准。

（六）泥浆护壁和排渣

合理控制泥浆的稠度，并根据地层情况对泥浆的比重、黏度、含砂率的技术指标等进行测量和确定。造孔中泥浆比重应控制在 1.23~1.35，排出泥浆比重随地层条件而定（表 2-6）。

表 2-6　泥浆技术指标

地质条件	密度 /g·cm⁻³	黏度/s	含砂量（质量分数）/%	胶体率/%	pH 值
粉土、粉质黏土	1.10~1.25	16~20	≤8~4	≥95	7~9
一般黏土	1.10~1.30	18~22	≤8~4	≥95	7~9
砂砾（卵）石基岩	1.25~1.35	≥20~22	≤8~4	≥95	7~9

废浆处理工程安排 6 辆汽车，从现场拉运废浆，按环保条例定点进行排放，并办理有关手续。

第三章 钢筋混凝土工程施工技术与管理

　　钢筋混凝土是一种复合材料，在建筑工程结构中使用广泛并且最为重要，它具有相当顽强的生命力以及材料易得、性能优异、经久耐用、施工方便的良好特征。近年来，由于不断革新钢筋工程、模板工程和混凝土工程技术，钢筋混凝土在建筑工程中的使用越来越广泛。本章主要探讨模板工程施工、钢筋工程施工、混凝土工程施工、混凝土工程冬期施工，以及钢筋混凝土工程施工案例。

第一节　模板工程施工

一、模板

（一）模板的概念及基本要求

　　模板是指按照一定形状将钢筋混凝土做成的模具。模板和支撑系统共同构成钢筋混凝土结构的模板。模板的形成过程是按照设计要求的位置尺寸和几何形状浇筑新拌混凝土进而使其硬化形成钢筋混凝土的结构模型，所以模板必须要强度和刚度够大、稳定性优良，在上述荷载作用下不能发生沉陷、变形等现象，尤其不能产生破坏现象。以下为模板系统不可或缺的条件：

　　（1）结构和构件的形状、尺寸以及空间位置必须准确。

　　（2）模板及支撑系统必须有极高的强度和刚度以及良好的整体稳定性。

　　（3）结构简单，装卸便利，能循环使用。

　　（4）模板接缝处不能漏浆。

（二）模板的分类

　　按照不同的分类依据，模板可以分为以下几类：

　　（1）按照模板的拆搭方法分类可以分为固定式、移动式和永久式三类，其中：

　　1）固定式模板是在安装时不进行移动，安装完毕后开始浇筑混凝土，并达到标准强度后可移除的一种模板和支撑系统，然后开始浇筑混凝土，当达到标准强度时可以移除模板。

2）移动式模板是安装完模板和支撑装置，一边浇筑混凝土一边移动位置，浇筑完全部的混凝土结构之后移除模板。

3）预制钢筋混凝土薄板、压型钢板模板等都属于永久式模板，永久式模板在浇筑混凝土并增加混凝土强度的过程中起模板作用，在浇筑完成后与结构成为一体，属于结构的一部分。

（2）按照模板的规格形式可分为定型模板和非定型模板两类。

（3）按照结构类型不同可以分成基础模板、墙模板、柱模板、楼梯模板、梁和楼板模板等。

（4）按照模板材料的不同可以分为木模板、钢模板、钢木模板、玻璃钢模板、塑料模板、胶合板模板等。目前，竹胶合板和钢模板应用较多。

下面仅对木模板与钢模板进行简要论述。

1. 木模板

木模板只用于一些中小工程以及工程的特殊部位，属于传统的模板，目前绝大部分的工程主要使用钢模板及竹胶板，部分形式的模板是在木模板的基础上改进形成的。

一般情况下，木模板及其支架系统都是在加工厂制成元件，继而在现场拼装而成。图 3-1 所示的拼板就是木模板的元件之一。

(a)　　　　　　　　(b)

图 3-1　拼板的构造
（a）一般拼板；（b）梁侧板的拼板
1—板条；2—拼条

拼板是用拼条将规则的、厚度大约为 25~50mm 的板条拼钉起来构成的。为了使拼板干缩时缝隙均匀，浇水后便于密缝，因此板条的宽度要在 200mm 以下。梁底板的板条是个例外，为了使拼缝更少、不漏浆，其宽度大小可以随意。一般情况下，拼板的拼条要平放，梁侧板的拼条要立放。拼条之间的距离大约为 400~500mm，由新浇混凝土的侧压力和板条的厚度决定。

2. 钢模板

定型组合钢模板的构成主要是钢模板和配件（包括连接件及支承件），属于工具式定型模板之一。利用不同的连接件及支承件能够将钢模板组成不同结构、尺寸与几何形状的模板。钢模板既可以在施工时现场组装，也可以用起重机吊运提前安装好。

一般情况下，钢模板由钢板和型钢焊接而成，属于定型模板，有特定的形状和尺寸，钢模板有平面模板、阳角模板、阴角模板以及连接角模，如图 3-2 所示。

(a)   (b)   (c)   (d)

图 3-2   钢模板

构成钢模板的连接件有 U 形卡、L 形插销、S 形扣件、钩头螺栓、对拉螺栓以及碟形扣件等。

二、模板施工工艺

（一）基础模板

基础模板要使用地基或者基槽（坑）支撑。基础的特点是高度低、体积较大，如果土质好的话，基础的最下一级可以直接用混凝土浇筑，并不需要模板。在安装基础模板时，要固定好上下模板位置，不能让其产生相对位移，若基础为杯形，那么要在基础放入杯口模板，图 3-3 所示为阶梯形基础模板。

（二）墙模板安装

墙模板安装的工艺流程为：

（1）弹线；

（2）安装门窗洞口模板；

（3）安装；

（4）侧模板；

（5）安装另一侧模板；

图 3-3 阶梯形基础模板

1—拼板；2—斜撑；3—木桩；4—铁丝

（6）调整固定；

（7）办理预检。

复查墙模板位置的定位基准线。门洞模板要按照位置线安装，下预埋件或木砖。

按照位置线将原来已经拼装完成的一面模板放置到指定位置，接下来安装拉杆或支撑以及塑料套管和穿墙螺栓。其中在设计模板时要确定穿墙螺栓的大小以及间距，同时需要边校正边安装模板。特别要注意，对称放置两侧穿孔的模板，穿墙螺栓与墙模应垂直放置。

安装另一侧模板之前要将墙内杂物清理干净，然后调整斜撑使模板垂直，将穿墙螺栓拧紧。

自墙角模开始拼装单块模板，然后延伸至垂直的两个方向进行组合拼接，在这一过程中还要随时架设支撑，固定模板。在单块模板安装完成之后，接下来可以安装钢内楞，利用钩头螺栓将钢内楞与模板固定起来，间距不能超过 600mm，安装模板预组时，应一边就位，一边校正，然后再安装连接件、支撑件。利用 U 形卡将邻近的模板边肋相连并使其间距在 300mm 之内，预组拼模板接缝处宜满上 U 形卡，并正反交替安装。

上下层墙模板接槎处理，当采用模板单块拼装时，可在下层模板上端设一道穿墙螺栓，拆模时，该层模板不拆除，作为上层模板的支撑面。使用预组拼模板时，应将水平螺杆置于下层混凝土墙上端靠下 200mm 处，上层模板通过紧固一道通长角钢来支撑。

在所有的模板都完成安装后，还要检查扣件和螺栓是否拧紧，模板的拼缝和下口的严密程度，以及办理预检手续。

应在相邻钢模板之间放置海绵条，以免发生漏浆。

(三) 梁模板安装

梁模板安装的工艺流程为：
(1) 弹轴线、水平线；
(2) 柱头模板；
(3) 模板；
(4) 安装梁下支撑；
(5) 安装梁底模板；
(6) 绑扎梁钢筋；
(7) 安装侧模。

在柱子混凝土上弹出梁的轴线及水平线（梁底高程引测用），并复核。不管首层是土壤地面还是楼板地面，安装梁模支架之前都应在专用支柱的下脚铺设通长脚手板，此外，楼层间的上下支座应保持在同一条直线上，但是需要注意的是首层若为土壤地面应平整夯实。一般情况下，支柱使用双排，间距大约 60～100cm。将 10cm×10cm 木楞（或定型钢楞）或梁卡具连接固定于支柱上。将横杆或斜杆加设于支柱的中间和下方，支柱双向加剪刀撑和水平拉杆，离地 50cm 设一道，以上每隔 2m 设一道。立杆要添加可以调节高度的底座。若梁跨度不小于 4m，跨中梁底处要根据设计起拱，如果设计并无说明，适宜的起拱高度为梁跨度的 1/1000～3/1000。

按照设计的要求在支柱上调整预留梁底模板的高度，然后拉线安装梁底模板并找直。

在底模上绑扎钢筋，检验合格之后将杂物清理干净，接着安装梁侧模板，用梁卡具或安装上下锁口楞及外竖楞附以斜撑，其间距一般宜为 75cm，若梁高大于 60cm，那么需要添加腰楞，并且穿对拉螺栓，加固。拉线找直侧梁模上口，并使用定型夹固定。有楼板模板时，应在梁上连接好阴角模，与楼板模板拼接。

使用角模拼接梁口与柱头模板，或设计专门的模板，不应用碎拼模板。

钢管预埋的方法可以满足在梁上预留孔洞的需要，还要注意分散穿梁孔洞，位置在梁中比较恰当，孔沿梁跨度方向的间距应不少于梁高度，以防削弱梁截面。

再次检查梁模尺寸，连接固定相邻梁柱模板。若有楼板模板，要与板模拼接固定。

(四) 楼板模板安装

楼板模板安装工艺流程为：
(1) 地面夯实；

（2）支立柱；

（3）安大小龙骨；

（4）铺模板；

（5）校正高程及起拱；

（6）加立杆的水平拉杆；

（7）办预检。

先夯实基土地面，然后垫通长脚手板，接下来才能在基土上安装模板。同时，楼层地面在立支柱前也要垫通长脚手板。若使用的是多层支架支模，那么支柱要垂直放置，并且支柱的上下层要在一条竖向中心线上。

安装模板的位置应选择边跨一侧，要先临时固定住第一排的龙骨和支柱，然后是第二排的龙骨和支柱，逐排安装。要按照模板设计规定安排支柱和龙骨的间距。一般情况下，小龙骨（楞木）间距为 40~60cm，大龙骨（杠木）间距为60~120cm，支柱间距为 80~120cm。

然后调节支柱高度，将大龙骨找平。接着铺定型组合钢模板块。在铺模板块时，要先铺一侧，以 U 形卡将相邻的两块板的边肋连接起来，且 U 形卡的安装要每隔一孔插一个（即安装间距小于等于30cm）。U 形卡不能全部安装到同一方向上，要正反相间。楼板在大面积上均应采用大尺寸的定型组合钢模板块，可以用窄的木板或拼缝模板填充拼缝处。特别注意的是，要拼缝严密，钢模板之间要填充海绵条，以防漏浆。

用水平仪测量模板高程，进行校正，并用靠尺找平。用水平拉杆连接支柱，水平拉杆的具体设置取决于支柱的高度。如无特殊情况，都是离地面 20~30cm 处一道，往上纵横方向每隔1.6m 左右一道，要注意常检查，确保牢固。

第二节 钢筋工程施工

一、钢筋的类型

钢筋是钢筋混凝土的主要成分，其类型按照不同划分方法可以分为：

（1）按照生产工艺划分有冷轧带肋钢筋、冷拉钢筋、冷拔钢丝、热轧钢筋、热处理钢筋、刻痕钢丝、碳素钢丝、精轧螺纹钢筋和钢绞线。

（2）按照钢筋的直径大小划分有粗钢筋（直径大于 18mm）、中粗钢筋（直径 12~18mm）、细钢筋（直径 6~10mm）和钢丝（直径 3~5mm）。

（3）按照结构构件的类型划分可以分成普通钢筋（热轧钢筋）和预应力钢筋。其中，普通钢筋包含用于预应力混凝土结构中的非预应力钢筋和钢筋混凝土结构中的钢筋。按照强度分类的话，普通钢筋有 HRB335、HRB400 及 RRB400

等，通常级别高的强度和硬度大、可塑性小。预应力钢筋可以采用热处理钢筋，但最好使用预应力钢绞线、消除应力钢丝，还可以使用强度和伸长率符合要求的冷加工钢筋或其他钢筋，但是必须符合专门标准的规定。

（4）按照化学成分的不同可以将钢筋分为普通低合金钢钢筋和碳素钢钢筋。普通低合金钢钢筋是在低碳钢和中碳钢中加入含量（质量分数）不超过 3% 的某些合金元素（如钛、钒、锰等）冶炼而成；这些合金元素能大大提高钢筋的强度，并改善钢筋的机械性能。碳素钢钢筋又可以含碳量为标准分为高碳钢钢筋（含碳量（质量分数）大于 0.60%）、中碳钢钢筋（含碳量（质量分数）0.25%~0.60%）和低碳钢钢筋（含碳量（质量分数）小于 0.25%）。含碳量直接影响钢筋强度和受力变形性能。含碳量增加，钢筋强度和硬度增大，但塑性和韧性降低，脆性增大，可焊性变差。

二、钢筋的冷加工

为了提高钢筋的强度设计值、节约钢材，钢筋的冷加工方法多采用冷拉或冷拔。

（一）钢筋的冷拉

钢筋的冷拉是在常温下强力拉伸钢筋，使钢筋的拉应力高于屈服强度，发生塑性变形。钢筋的冷拉能够调直钢筋，提高钢筋强度，节约钢材。

1. 钢筋的时效

钢筋的变形硬化是指经过冷拉的钢筋，强度变大但是可塑性减小的现象。在钢筋的应力大于屈服点时，钢筋内部晶格沿结晶面滑移，晶格扭曲变形，钢筋内部结构改变，进而钢筋自行调整内部晶体组织。在调整之后，钢筋的屈服点达到稳定状态，进而强度加大，塑性越发减小。钢筋晶体组织调整过程称为"时效"。

2. 冷拉的目的

冷拉对于普通钢筋混凝土结构的钢筋来说只能起到调直和除锈的作用（拉伸过程中钢筋表面锈皮会脱落），并不会影响钢筋的力学性能。以冷拉这种方法调直钢筋时，冷拉率 HRB335、HRB400 级钢筋要在 1% 以下。冷拉还有一个作用就是能增加钢筋的强度，并且同时能够调直和除锈，此时钢筋的冷拉率为 4%~10%，强度可提高 30% 左右，主要用于预应力筋。

3. 钢筋冷拉控制方法

钢筋冷拉控制方法可以分为以下两种：

（1）控制冷拉率法。这种方法就是通过控制钢筋的冷拉率进而控制钢筋的冷拉。冷拉率要通过试验确定，并且试件数量要在 4 个及以上。在得出冷拉率之后，还要将据钢筋长度得出的伸长值作为冷拉依据。冷拉伸长值 ΔL 按下式计算：

$$\Delta L = \delta L \tag{3-1}$$

式中 δ——冷拉率（由试验确定）；

L——钢筋冷拉前的长度，m。

冷拉后除去弹性回缩值才是钢筋的实际伸长值。

这种方法控制冷拉属于间接方法，冷拉率由试验确定。表 3-1 为测定冷拉率时钢筋的冷拉应力。

表 3-1 测定冷拉率时钢筋的冷拉应力

项　次	钢　筋　级　别	冷拉控制应力/N·mm^{-2}
1	HPB300	320
2	HRB335	480
3	HRB400 和 RRB400	530
4	HRB500	730

控制冷拉率法在实践时较为简便，然而若钢筋材质不匀，要用经试验确定的冷拉率进行冷拉。对不知道炉批号的钢筋，不能使用控制冷拉率法。

（2）控制应力法。控制应力法就是控制钢筋的冷拉应力，参考表 3-2 按照钢筋的级别选择冷拉应力。进行冷拉时还要考虑钢筋的冷拉率，不得超过表 3-2 中的最大冷拉率。冷拉时，钢筋达到控制应力，并且小于表 3-2 中的最大冷拉率，那么认为钢筋冷拉合格。如果钢筋的应力达到控制应力，但是冷拉率超过表中的最大冷拉率（即钢筋已达到规定的最大冷拉率而应力还小于控制应力），那么钢筋冷拉不合格，应进行机械性能试验，按其实际级别使用。

表 3-2 冷拉控制应力及最大冷拉率

项次	钢筋级别	冷拉控制应力/N·mm^{-2}	最大冷拉率/%
1	HPB300	280	10
2	HRI3335	450	5.5
3	HRB400 和 RRB400	500	5
4	HRB500	700	4

使用这种方法控制钢筋冷拉属于直接方法，按表 3-2 规定的控制应力，根据下式计算冷拉力：

$$N = \sigma_{cs} A_S \tag{3-2}$$

式中 N——冷拉力，N；

σ_{cs}——钢筋冷拉控制应力，N/mm^2；

A_S——钢筋冷拉前的横截面面积，mm^2。

例如，冷拉 1 根直径为 25mm、长 30mm 的 HRB335 级钢筋，参照表 3-2 可知，其控制应力为 450N/mm²，最大冷拉率为 5.5%，则这根钢筋所需的冷拉力为 $N=450×π×252÷4=220kN$，其拉伸伸长值不应大于 $30×5.5\%=1.65m$。

（二）钢筋的冷拔

钢筋冷拔是将直径 8mm 以下的热轧钢筋在常温下强力拉拔使其通过特制的钨合金拔丝模孔，如图 3-4 所示，钢筋轴向被拉伸，径向被压缩，使钢筋产生较大的塑性变形，其抗拉强度可提高 50%~90%，塑性降低，硬度提高。

图 3-4　钢筋冷拔

钢筋冷拔的主要功能在于生产冷拔低碳钢丝，这种钢丝又分为甲级和乙级。甲级用来作预应力筋，乙级用来作钢丝网、箍筋和构造筋等。

经过许多次冷拔才能形成冷拔低碳钢丝。在冷拔过程中钢筋的截面应慢慢缩小，不然冷拔次数太少，钢筋截面收缩过大，容易拔断钢筋，钢丝模孔损耗也大。

三、钢筋的连接

（一）钢筋的焊接

钢筋的连接方法有绑轧连接、焊接连接和机械连接。为了确保钢筋连接的质量以及效率，不浪费钢材，除了特别规定不准使用明火的情况，一般都使用焊接连接的方法。焊接连接又分为压焊和熔焊。压焊有闪光对焊、电阻点焊和气压焊 3 种方式；熔焊有电弧焊和电渣压力焊两种方式。另外，焊接钢筋与预埋件 T 形接头要使用埋弧压力焊等。

1. 对焊

对焊是指使两条钢筋水平置于对焊机夹钳内，成对接状态，并使之互相接触，接下来对其通电（低电压的强电流），产生电阻热（电能转化为热能），钢筋被加热到指定温度时进行顶锻（施加轴向压力挤压），以形成对焊接头，如图 3-5 所示。

图 3-5　钢筋闪光对焊原理

1—焊接的钢筋；2—固定电极；3—可动电极；4—基座；5—变压器；
6—平动压顶机构；7—固定支座；8—滑动机构

2. 电阻点焊

电阻点焊是指进行钢筋交叉点焊时，接触面积小，只有一点，因此接触处电阻较大。在互相接触的一刹那，热量集中于一点，致使金属在高温下熔化，同时在电极加压下使焊点金属得到焊合。电阻点焊主要用于钢筋的交叉连接，及焊接钢筋网片、钢筋骨架等。

比较常见的点焊机有悬挂式点焊机、手提式点焊机、单点电焊机和多点点焊机。进行电阻点焊之前，焊点要做外观检查和强度试验，热轧钢筋的焊点要进行抗剪试验，冷处理钢筋的焊点不仅要做抗剪试验，还要做拉伸试验。

3. 气压焊

在钢筋接缝处使用氧-乙炔火焰进行加热，钢筋接触部位会呈高温状态，之后施加足够的轴向压力，形成的牢固对焊接头就是钢筋气压焊。这种方法的优点在于设备简便、效果明显、焊接质量高，电源功率也不需太大。

HRB335 级且直径小于 40mm 的钢筋可以采用钢筋气压焊进行纵向连接。若相连接的两根钢筋直径存在差异，那么应该在 7mm 之内。如图 3-6 所示，钢筋气压焊的主要设备为氧-乙炔供气设备、加热器、加压器及钢筋卡具等。

(二) 机械连接

机械连接包括锥螺纹连接、直螺纹连接、套筒挤压连接。

1. 锥螺纹连接

锥螺纹连接首先利用锥形纹套筒将两根钢筋头部对接，利用螺纹的机械咬合

图 3-6　气压焊装置系统

（a）竖向焊接；（b）横向焊接

1—压接器；2—顶头油缸；3—加热器；4—钢筋；5—加压器；6—氧气；7—乙炔

力传递拉力或压力，用套丝机对钢筋端头进行套丝。

2. 直螺纹连接

直螺纹连接的原理为：目前直螺纹连接是较为新颖的连接方式。直螺纹连接首先用套丝机把钢筋前端削成直螺纹，然后利用套筒对接钢筋。

直螺纹连接施工的工艺流程为：

（1）钢筋准备；

（2）放置在直螺纹成型机上；

（3）剥肋滚压直螺纹；

（4）在直螺纹上涂油保护；

（5）放置钢筋（放置时用垫木，以防直螺纹被损坏）；

（6）套筒连接（现场连接施工）。

现场操作过程及质量要求包括：

（1）首先将部分或全部的套筒拧入被连接钢筋的螺纹内，然后转动连接钢筋或反拧套筒到预定位置，最后用扳手转动连接钢筋，使其相互对顶锁定连接套筒。

（2）扭紧钢筋接头，并标记拧紧后的接头。

（3）连接套筒表面无裂纹，螺牙饱满，无其他缺陷。

（4）为了达到内部干净、干燥、防锈的目的，用塑料盖封上连接套筒两端的孔。

（5）在进行工作前，要对钢筋进行工艺检验，试验合格后才能施工。

3. 套筒挤压连接

先在一个优质钢管套中插入两根钢筋的前端，然后在侧向用挤压机加压数道，套筒发生变形钢筋随之紧密连接。

第三节　混凝土工程施工

一、混凝土的制备

（一）混凝土的配制

1. 混凝土的原材料

混凝土的原材料就是水泥、粗细骨料、水，按照一定的比例搅拌合成的混合材料。掺加外加剂和掺合料可以改善混凝土的某些性能。

水泥的品种和强度等级是根据结构的设计和施工要求精确选定的，水泥进场后，要分别放置，做好记号。注意存放的水泥要放置在干燥的地方。水泥也有保质日期，一般为3个月。当超过3个月时，使用前必须重新取样检查。

粗细骨料包括砂和石子，其中砂又可以分为河砂、海砂和山砂。粗骨料有碎石和卵石。混凝土中的骨料要求比较严格，要质地坚固、颗粒级配良好、含泥量要小，有害杂质含量要满足国家有关标准要求。尤其活性硅、云石等含量，必须严格控制。

混凝土拌和用水一般可以直接使用饮用水，当使用其他水的时候，水质要符合国家有关标准的规定。

在混凝土工程中，广泛使用外加剂可以改善混凝土的相关性能。外加剂可以分为早强剂、减水剂、缓凝剂、抗冻剂、加气剂、防锈剂和防水剂等。使用前，必须取样实际试验检查其性能，所有外加剂要经过严格审查，不得盲目使用。

在混凝土中加适量的掺和料，有两点好处：一是可以节约水泥；二是可以改善混凝土的性能。掺和料分为水硬性和非水硬性两种。水硬性掺和料在水中具有水化反应，可起到填充作用，如硅粉、石灰石粉等。掺和料的使用要服从设计要求，掺量要经过试验确定。

2. 混凝土的配合比

A　施工配合比换算

混凝土试验配合是由干燥的砂、石骨料制定的。但是实际上砂和石骨料含有一些水分，而水分又会随着气候的条件发生改变。所以在施工的时候要及时测定现场砂、石骨料的含水量，并将混凝土的实验室配合比换算成在实际含水量情况下的施工配合比。

设实验室配合比为水泥：砂子：石子＝$1:x:y$，水灰比为ω/C，并测得砂子的含水量为ω_x，石子的含水量为叫ω_y，则施工配合比应为：$1:x(1+\omega_x):y(1+\omega_y)$。按实验室配合比$1m^3$混凝土水泥用量为$C(kg)$，计算时为确保混凝土水灰比不变（$\omega$为用水量），换算后材料用量为：

水泥：$C'=C$

砂子：$G'_{砂}=C_x(1+\omega_x)$

石子：$G'_{石}=C_y(1+\omega_y)$

水：$\omega'=\omega-C_x\omega_x-C_y\omega_y$

B　施工配料

求出每立方米混凝土材料用量后，还必须根据工地现有搅拌机出料容量确定每次需用几整袋水泥，然后按水泥用量计算砂石的每次拌用量。如采用 J2250 型搅拌机，出料容量为$0.25m^3$，则上例每搅拌一次的装料数量为：

水泥：$275×0.25=68.75kg$（取用 1 袋半水泥，即 75kg）

砂子：$726×75/275=198kg$

石子：$1540×75/275=420kg$

水：$142.4×75/275=38.8kg$

为了把控好混凝土的比例，原材料的数量应该采取质量计量，要求规定如下：

（1）水泥、混合材料掌控在±2%；

（2）细骨料为±3%；

（3）水、外加剂溶液±2%。

各种衡量器应该定期校验，经常保持准确。骨料含水量应经常测定，雨天施工时，应增加测定次数。

（二）混凝土的搅拌

1. 搅拌机

现在的搅拌机按照搅拌机理一般分为自落式搅拌机和强制式搅拌机两种类型。强制式搅拌机正在慢慢代替自落式搅拌机。强制式搅拌机在构造上可分为立轴式和卧轴式两类。

立轴式搅拌机的拌筒为一个水平放置的圆盘，圆盘有内外筒壁，内筒壁轴心装有立轴，立轴上又装有搅拌叶片，一般为 2~3 组。当立轴旋转时，叶片即带动物料按复杂的轨迹运动，搅拌强烈，在短时间内即可完成搅拌。

卧轴式搅拌机可分为单轴式和双轴式。双轴式为双筒双轴工作，生产效率更高。卧轴式搅拌机的优点在于体积小、容量大、搅拌时间短、生产效率高等。

2. 投料顺序

投料方法通常有两种，分别是一次投料和二次投料。

一次投料是在上料斗中首先装进石子，然后再加入水泥和砂，最后一起投入搅拌机。对自落式搅拌机要在搅拌筒内先加部分水，投料时用砂压住水泥，这样水泥就不会胡乱飞扬，并且水泥和砂先进入搅拌筒内形成水泥砂浆，可缩短包裹石子的时间。

二次投料法经过我国的研究和实践形成了"裹砂石法混凝土搅拌工艺"，它是在日本研究的造壳混凝土（简称 SEC 混凝土）的基础上结合我国的国情研究成功的。该方法分两次加水，两次搅拌。用这种工艺搅拌时，先将全部的石子、砂和 70% 的拌和水倒入搅拌机，拌和 15s 使骨料湿润，再倒入全部水泥进行造壳搅拌 30s 左右，然后加入 30% 的拌和水再进行糊化搅拌 60s 左右完成。与普通搅拌工艺相比，用裹砂石法搅拌工艺可使混凝土强度提高 10%~20%，或节约水泥5%~10%。在我国推广这种新工艺，有巨大的经济效益。

3. 混凝土搅拌时间

搅拌的时间就是从原材料全部投入搅拌筒内开始搅拌，到开始卸料为止所花的时长。混凝土搅拌的时间和混凝土搅拌的质量有密切的联系。在一定范围内，搅拌的时间越长，其强度就会越高，但过长时间的搅拌既不经济也不合理。为了保证混凝土的质量，必须合理控制搅拌时间。混凝土搅拌的最短时间见表3-3。

表 3-3　混凝土搅拌的最短时间　　　　　　　　　　（s）

混凝土坍落度 /mm	搅拌机机型	搅拌机出料量/L		
		<250	250~500	>500
≤30	强制式	60	90	120
	自落式	90	120	150
>30	强制式	60	60	90
	自落式	90	90	120

注：1. 当掺有外加剂时，搅拌时间应适当延长。

2. 全轻混凝土、砂轻混凝土搅拌时间应延长 60~90s。

4. 进料容量

进料容量又叫作干料容量，是指在搅拌前期把各种材料的体积积累起来。进料容量和搅拌机搅拌筒的几何容量的比例一般是 0.22~0.40。超载（进料容量超过 10%）会使材料在搅拌筒内没有充足的空间进行掺和，影响混凝土拌和物的均匀性；装料过少，不能充分发挥搅拌机的效能。

二、混凝土的运输

(一) 混凝土运输的要求

混凝土的运输是指将混凝土从搅拌站送到浇筑点的过程。为了保证混凝土的施工质量，对混凝土拌合物运输提出以下基本要求：

(1) 混凝土运输过程中，要能保持良好的均匀性，应控制混凝土不离析、不分层，并应控制混凝土拌合物性能满足施工要求。

(2) 混凝土拌合物从搅拌机卸出至施工现场接收的时间间隔不宜大于90min。混凝土在初凝之前必须浇入模板内，并捣实完毕。

(3) 场内输送道路应尽量平坦，以减少运输时的振荡，避免造成混凝土分层离析。同时还应考虑布置环形回路，施工高峰时宜设专人管理指挥，以免车辆互相拥挤阻塞。临时架设的桥道要牢固，桥板接头须平顺。

(4) 冬期采用搅拌罐车运送混凝土拌合物时，搅拌罐应有保温措施。

(5) 当采用泵送混凝土时，混凝土运输应保证混凝土连续泵送，并应符合现行行业标准《混凝土泵送施工技术规程》（JGJ/T 10—2011）的有关规定。

(二) 混凝土运输工具的选择

混凝土运输包括地面运输、垂直运输和楼面运输。

1. 地面运输

若运输距离较远，就不适合采用预拌混凝土了，这时多用混凝土搅拌运输车。若混凝土的来源是工地搅拌站，那么大多时候采用载重约1t的小型机动翻斗车或双轮手推车，较少用传送带运输机和窄轨翻斗车运输。

图 3-7 所示为混凝土搅拌运输车。这种车在长距离运输混凝土方面效果显著，它的汽车底盘上斜置一搅拌筒，搅拌筒内有两条螺旋状叶片，可以在装入混凝土后的运输过程中慢速转动进行搅拌，防止混凝土离析，到达指定的运输地点后，反转搅拌筒就能迅速卸下混凝土。搅拌筒大概能容 $2 \sim 10 m^3$ 混凝土，混凝土的搅拌运输质量和卸料速度由搅拌筒的结构形状和其轴线与水平的夹角、螺旋叶片的形状和它与铅垂线的夹角决定。搅拌筒的驱动发动机可以是单独的或者汽车的，最好是液压传动。

2. 垂直运输

目前国内混凝土的垂直运输工具大多为塔式起重机、快速提升斗、混凝土泵及井架。混凝土在用塔式起重机运输时要搭配吊斗运输，以便于直接进行浇筑。混凝土泵适用于混凝土浇筑量大、浇筑速度快的工程。

图 3-7 混凝土搅拌运输车

1—水箱；2—进料斗；3—卸料斗；4—活动卸料溜槽；

5—搅拌筒；6—汽车底盘

3. 楼面运输

混凝土楼面运输适用工具多为双轮手推车及机动灵活的小型机动翻斗车。

(三) 泵送混凝土

泵送混凝土是指用泵运输混凝土。这也属于运输混凝土的方法之一，主要原理为将搅拌运输车中的混凝土卸至混凝土泵的料斗中，然后利用泵的压力通过管道使混凝土到达指定的地点进行浇筑，这样可以同时进行混凝土的水平和垂直运输。目前这种方法已经成为施工现场运输混凝土的关键方法，并且应用范围也愈加广泛，包括高层、超高层建筑、立交桥、水塔、烟囱、隧道和各种大型混凝土结构工程的施工都可以使用。现在大功率的混凝土泵最大垂直输送高度已达432m，最大水平运距可达 1520m。

泵送混凝土设备的主要装置有混凝土泵、输送管和布料装置。

1. 混凝土泵

常见的混凝土泵有活塞泵、气压泵和挤压泵等，其中用得最多的就是活塞泵。根据构成原理不同，活塞泵分为机械式活塞泵和液压式活塞泵，这两种用得多的是液压式活塞泵，而液压式活塞泵又可分成油压式及水压式，其中油压式较常用。常用液压活塞泵基本上是液压双缸式。

按照混凝土泵的泵体移动与否又可以分成固定式和移动式，在使用固定式混凝土泵的时候，要用车辆拖到指定地点，它比较适合高层建筑的混凝土工程施工，优点为输送能力大、输送高度高；移动式混凝土泵车就是在汽车底盘上安装一个混凝土泵，附带装有全回转三段折叠臂架式布料杆，哪里需要混凝土就将车开到哪里。这种混凝土泵的优点在于不仅能够随工地管道运送到稍远些的地方，还可以通过布料杆在其回转的范围内浇筑。一般情况下，这种混凝土泵的输送能力为 $80m^3/L$，若垂直输送高度达到 110m 及水平输送距离达到 520m 时，输送能力为 $30m^3/L$。

2. 混凝土输送管

泵送混凝土工作最关键的零件就是混凝土输送管，大致包括软管、弯管、直管及锥形管等。一般情况下，除软管外的混凝土输送管的材料都为耐磨锰钢无缝钢管，管径大致上包括 80mm、100mm、125mm、150mm、180mm、200mm 等，100mm、125mm、150mm 管径的输送管最常使用。直管的标准长度包括 0.5m、1m、2m、3m、4m，其中 4m 管为主管。弯管的角度包括 150°、300°、450°、600°、900°，便于管道改变方向。锥形管便于连接不同管径的输送管，锥形管的长度大约为 1m。一般管道出口处会接软管，目的在于以不移动钢管为前提增大布料范围。垂直输送时，在立管的底部要增设逆流阀，以防止停泵时立管中的混凝土反压回流。

3. 布料装置

在浇筑地点设置布料装置十分必要，因为混凝土泵的供料一定要是连续的，输送量也很大，布料装置的设置有利于混凝土在经过运输之后直接进行摊铺或者浇筑入模，能够完全发挥混凝土泵的功能，也能使工作人员减轻体力劳动，更为轻松。布料装置又称为布料杆，主要构成零件为可回转、可伸缩的臂架和输送管。布料杆根据支承结构的差异分为两类：独立式和汽车式。

混凝土泵车由混凝土泵置于汽车上构成，车上置有"布料杆"，能够伸缩或屈折，下方末尾有软管，能够直接输送混凝土到浇筑地，方便快捷。

为防止混凝土产生离析现象，就要保持混凝土的通畅，在输送时应尽量减少与输送管壁发生摩擦。

三、混凝土的浇筑与振捣

（一）混凝土的浇筑

1. 混凝土浇筑前的准备工作

混凝土浇筑前的准备工作包括：

（1）在混凝土浇筑前应该先对模板和支架进行全方位的检查，应该确保标高、位置尺寸正确，强度、刚度、稳定性和严密性符合规定要求；模板中的垃圾、泥土和钢筋上油污应该及时处理干净；木模板应该浇水湿润，但是不能留有积水。

（2）对钢筋和预埋件应该请工程监管人员共同检查钢筋的级别、直径、排放位置及保护层厚度是否符合设计要求和规范要求，并认真做好隐蔽工程记录。

（3）提前准备和检查材料、机具等；注意查看天气预报，不能选择在雨雪天气浇筑混凝土。

做好施工组织工作和技术、安全交底工作。

2. 混凝土浇筑的一般规定

混凝土浇筑前不应发生初凝和离析现象。混凝土运到后，其坍落度应满足表3-4的要求。

表 3-4　混凝土浇筑时的坍落度

结　构　种　类	坍落度/mm
基础或地面的垫层、无配筋的大体积结构（挡土墙、基础等）或配筋稀疏的结构	10~30
板、梁和大型及中型截面的柱子等	30~50
配筋密列的结构（薄壁、斗仓、筒仓、细柱等）	50~70
配筋特密的结构	70~90

为了确保混凝土在浇筑的时候不出现离析现象，混凝土从高处倾落的时候高度最好不要超过2m。若超过2m，就应该设有溜槽或串筒，如图3-8所示。

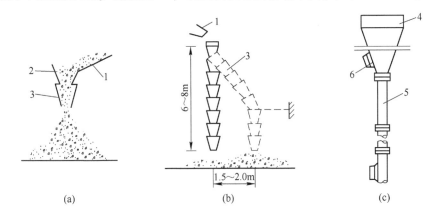

图 3-8　混凝土浇筑

（a）溜槽；（b）串筒；（c）振动串筒

1—溜槽；2—挡板；3—串筒；4—漏斗；5—节管；6—振动器

为确保混凝土结构的整体性，混凝土浇筑原则上最好是一次性浇完。每层浇筑厚度应符合表3-5的规定。

混凝土的浇筑工作最好保持连续性，中间不宜断开。如果间隔时间超过了混凝土初凝时间，就要按照施工技术方案的要求留设施工缝；在竖向结构（如墙、柱）中浇筑混凝土时，应先浇筑一层大约为50~100mm水泥砂浆，然后再分段分层灌注混凝土。其主要目的是避免出现烂根现象。

表 3-5　混凝土浇筑层厚度

混凝土的捣实方法		浇筑层的厚度/mm
插入式振捣		振捣器作用部分长度的 1.25 倍
表面振捣		200
人工捣实	在基础、无筋混凝土或配筋稀疏的结构中	250
	在梁、墙板、柱结构中	200
	在配筋密列的结构中	150
轻骨混凝土	插入式振捣器	
	表面振捣（振捣时需加荷）	

3. 施工缝留设与处理

混凝土施工缝不应随意留置，其位置应事先在施工技术方案中确定。

（1）施工缝的留设。混凝土结构大多要求是要整体浇筑，若是因为技术或是施工组织的原因，不能对混凝土结构一次性连续浇筑完成，需要较长的停歇时间，而且在停歇的时间内，混凝土的初凝已经完成，这样再继续浇筑混凝土的时候，就会形成接缝，这就是施工缝。

施工缝留设的原则包括：

1）宜留在结构受剪力较小的部位，同时方便施工。

2）柱子的施工缝宜留在基础与柱子交接处的水平面上、梁的下面、吊车梁牛腿的下面、吊车梁的上面、无梁楼盖柱帽的下面，如图 3-9 所示。

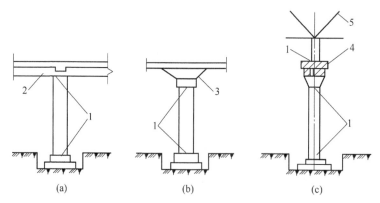

图 3-9　柱子施工缝位置

（a）肋形楼板柱；（b）无梁楼板柱；（c）吊车梁牛腿柱

1—施工缝；2—梁；3—柱帽；4—吊车梁；5—屋架

3）在楼板底面下 20~30mm 处应该留有高度大于 1m 的钢筋混凝土梁的水平

施工缝，当板下有梁托时，留在梁托下部。

4）单向平板的施工缝，可留在平行于短边的任何位置处。

5）对于有主次梁的楼板结构，应该顺着次梁方向浇筑，施工缝应留在次梁跨度中间1/3范围内，如图3-10所示。

图 3-10　有梁板施工缝的位置
1—柱；2—主梁；3—次梁；4—板

6）墙的施工缝可以设在门窗洞口过梁跨度中间1/3范围内，也可留在纵横墙的交接处。

7）楼梯的施工缝应留在梯段长度中间1/3范围，双向板、大体积混凝土等应按设计要求留设。

（2）施工缝的处理。继续在施工缝浇筑混凝土时，要等到混凝土的抗压强度不小于1.2MPa时再进行；在对施工缝浇筑混凝土之前，要清理掉施工缝表面上的水泥薄膜、松动石子和软弱的混凝土层，并加以充分湿润和冲洗干净，不能留有积水；浇筑时，施工缝处应该先铺一层水泥浆（水泥∶水＝1∶0.4），或与混凝土成分相同的水泥砂浆，厚度为30～50mm，要确保接缝的质量；浇筑过程中，施工缝应细致捣实，使其紧密结合。

4. 后浇带混凝土施工

后浇带是在现浇混凝土结构施工过程中，为免受温度影响收缩产生裂缝而设置的临时施工缝。该缝需根据设计要求保留一段时间，然后再浇筑混凝土，然后将整体结构连成整体。后浇带内的钢筋应完好保存，如图3-11所示。

（1）施工流程。后浇带的两侧混凝土处理为防水节点处理—清理—混凝土

图 3-11　底板后浇带

浇筑—养护。

（2）施工方法。后浇带的两侧混凝土处理，由机械切出剔凿的范围和深度，处理掉松散的石子和浮浆，露出密实的混凝土，然后用水冲刷干净。按照相关规定进行防水节点处理。后浇带混凝土的浇筑时间要按照设计要求来确定，当设计没有明确的规定要求时，要在两侧混凝土龄期达到 42d 后再继续施工。

在后浇带浇筑混凝土前，在混凝土表面涂刷水泥净浆或铺一层与混凝土同强度等级的水泥砂浆，并及时浇筑混凝土。后浇带混凝土可采用补偿收缩混凝土，其强度等级应不低于两侧混凝土。后浇带混凝土保湿养护时间应不少于 28d。

（二）混凝土的振捣

混凝土的浇筑必须要布满钢筋的周围和各个角落，与此同时，为了减少混凝土中的气泡和空隙，混凝土浇筑之后的振捣必不可少。

混凝土有两种振捣方式，分别为人工振捣和机械振捣。人工振捣主要工具为捣锤或插钎，利用冲击力捣实混凝土，缺点在于效率低、效果差；机械振捣主要工具为振动器，利用振动力强迫混凝土振动进而捣实，其优点为效率高、质量好。目前多采用机械振捣。

机械振捣的原理为：未凝结的砼内部有很大的黏着力，若要让它产生位移，而又存在摩擦力，机械振捣时，砼受到强迫振动，其黏着力和摩擦力减小，从原来很稠的弹塑性体状态转化为暂时具有一定流动性的"重质液体"状态，振动结束后，砼又变回了原来的状态，这种转化可逆，并被称为"触变"。在振动时，重力作用致使骨料下沉，更加严密，气泡被挤出，水泥砂浆均匀分布填充空隙，砼就填满了模板的各个角落，变得更为密实。振动机械按照工作方式的不同分为内部振动器、外部振动器、表面振动器和振动台等，如图 3-12 所示。

1. 内部振动器

内部振动器又叫作插入式振动器，由电机、软轴及振动棒构成，一般用在基础、柱、梁、墙等构件及大体积混凝土的振捣。按照振动棒内部构造的不同可以将其分成两类：偏心轴式和行星滚锥式（简称行星式）。目前较为常用的内部振动器为行星式内部振动器，其优点在于频率高、振幅小、所需功率小、重量轻、

图 3-12　混凝土振动器

（a）电动软轴内部振动器；（b）表面式振动器；（c）外部振动器；（d）振动台
1—振动平台；2—固定框架；3—偏心振动子；
4—支承弹簧；5—同步器；6—电动机

效率高、尺寸小、易于操作。

插入式振动器既可以斜向振捣，也可以垂直振捣。斜向振捣时，振动棒要与混凝土呈约 40°～45°角，垂直振捣为振动棒与混凝土表面垂直。

振动器在工作时要注意快插慢拔（快插的目的是防止先捣实表面砼致使上面砼与下面砼发生离析，慢拔的目的是使砼能填满振动棒抽出时所造成的空洞），插点的分布要均匀，按顺序逐点移动，不能产生遗漏现象，以便使混凝土均匀振实。一般情况下，振动棒有效作用半径为 300～400mm。振动棒可以采用行列式或交错式的振动方式。

当分层浇筑混凝土时，为确保每层混凝土的均匀，需要来回抽动振动棒；此外，振捣上层混凝土的同时要将振动棒插入至下层混凝土 50～100mm 左右，以使接缝填充完整。

在振捣点进行振捣时，要注意时间适宜，不宜太短或太长，时间太短的话混凝土振捣不足，会使混凝土不够严密；时间太长会出现砂浆上浮，粗骨料下沉的情况，使下部混凝土脱模后出现蜂窝、孔洞。一般情况下，振捣时间适宜在 30s 左右，振捣标准为表面泛浆，不再出现气泡，无明显沉落。注意振捣时不能碰到钢筋和模板。

2. 表面振动器

表面振动器也叫作平板振动器，构成零件主要为带偏心块的电动机和平板

（木或钢板），其主要作用于混凝土的表面，一般用在楼板、地面、板形构件和薄壁结构等的振捣上。无筋或单层钢筋的结构中，振捣厚度应小于等于 250mm；双层钢筋结构中，振捣厚度应小于等于 120mm。

相邻两段之间应搭接振捣 50mm 左右。

3. 外部振动器

外部振动器也叫作附着式振动器。其主要固定在模板外侧的横档和竖档上，工作原理为偏心块旋转产生振动力，并通过模板传到混凝土，让混凝土产生振动使其紧密。外部振动器适合用在钢筋密集、断面尺寸较小的构件上。其最大振动深度 300mm 左右。

4. 振动台

振动台是一个支撑在弹性支座上的工作平台，振动机构安装在工作平台下，振动机构工作会带动工作台产生振动，这样在工作台上制作构件的混凝土就会被振实。振动台是混凝土制品厂中的固定生产设备，用于振实预制构件。

第四节　混凝土工程冬季施工

一、混凝土冬期施工原理

混凝土冬期施工原理为：利用水泥水化反应导致的混凝土凝结硬化而得到的强度。其中，水化反应的前提是水和温度，水是水化反应能否进行的必要条件之一。而温度会影响水化反应的速度，冬天施工气温低，水泥的水化作用明显减弱，混凝土强度速度增长缓慢，在气温达到 0℃ 以下时，水化反应基本停止；当温度降到 -4~-2℃ 时，新浇混凝土内部游离水开始结冰，水化作用完全停止，混凝土强度停止增长。混凝土结冰后体积膨胀，会在内部产生冰胀，使水泥石结构受到破坏，让混凝土的内部出现裂缝和孔隙，同时破坏混凝土和钢筋的黏性，造成结构强度的降低。受冻的混凝土解冻后，强度虽然能够继续增长，但是俨然已不能达到原来设计强度的等级。实验表明，混凝土在浇筑后会立即受冻，抗压强度损失约 50%，抗拉强度损失约 40%。受冻前混凝土养护的时间越长久，达到的强度会越高，从而水化物生成的也较多，能结冰的游离水会也就较少，强度损失会降低。试验表明，混凝土遭受冻结后的强度损失，与受冻时间早晚、冻结前混凝土的强度、水灰比、水泥标号及养护温度等有关。

新浇混凝土如果在受冻前就具备抵抗冰胀应力的某一初期的强度值，然后遭受冻结，在恢复正常温度养护后，混凝土强度还能继续增长，并再经过 28d 的标准养护后，其后期强度可达到混凝土设计强度等级的 95% 以上，其受冻前的初期强度称为混凝土允许受冻的临界强度，即为混凝土受冻临界强度。

　　混凝土受冻临界强度与水泥的品种、混凝土的强度等级都有着密切的联系。中国现行规范规定：在冬期浇筑的混凝土的抗压强度，在受冻前，硅酸盐水泥和普通硅酸盐水泥配制的混凝土不得低于其设计强度标准值的 30%，矿渣硅酸盐水泥配制的混凝土不得低于设计强度标准值的 40%；C10 及其以下的混凝土强度不得低于 $5N/mm^2$；掺防冻剂的混凝土，温度降到规定温度以下时，混凝土的强度不得低于 $3.5N/mm^2$。

　　混凝土冬期施工的原理是受冻前使新浇筑的混凝土强度值达到受冻临界强度。

二、混凝土冬期施工的工艺要求

　　通常混凝土冬期施工要求常温浇筑，混凝土在达到受冻临界强度前应该用常温养护。为实现目标，可以选择水化热大、发热量大的水泥，采取降低水灰比、减少用水量、增加搅拌时间、对原材料进行加热、采用保温养护及掺外加剂等措施，加速混凝土的凝结硬化。

（一）对材料和对材料加热的要求

　　在冬期施工期间内，配合混凝土用的水泥，应该优先选用活性高、水化热量大的硅酸盐水和普通硅酸盐水泥；蒸汽养护用的水泥品种可经试验确定；水泥标号不宜低于 425 号，最小水泥用量不宜低于 $300kg/m^3$；水灰比不应大于 0.6。水泥不得直接加热，使用前 1~2d 应堆放在暖棚内，暖棚温度宜在 5℃ 以上，并要注意防潮。

　　要求骨料在冬期施工前就必须冲洗干净准备好，干燥储备在地势较高且无积水的地面上，并在上面覆盖防雨雪的材料，要适当采取保温措施，防止骨料里面渗入冰碴或雪团。

　　经热工计算，如果需要对原材料加热时，加热的顺序按照水—砂—石进行。不允许对水泥加热。水的比热容大，是砂、石骨料的 5 倍，加热起来较为简便，容易控制，所以应首先考虑加热水。在加热水未达到要求的时候，要考虑骨料的加热。砂石骨料可采用蒸汽直接通入骨料堆中的方式，加热比较快，能够充分利用热能，但会增加骨料的含水率，在计算施工配合比时，应加以考虑；也可在铁板或火炕上放骨料，用燃料直接加热，但这种方法只适用于骨料分散、用量小的情况。

　　在加热水时，应该适当控制加热的最高温度，避免水泥与过热的水直接接触而产生"假凝"现象。水泥"假凝"现象是指水泥颗粒在遇到温度较高的热水时，颗粒表面会很快地形成薄而硬的壳，阻止水泥与水的水化作用进行，使水泥水化不充分，导致混凝土强度下降。

钢筋焊接和冷拉加工可在常温下进行施工，但温度不宜低于-20℃。采用控制应力方法冷拉时，冷拉控制应力应较常温下提高 30N/mm²。钢筋焊接应在室内进行，若必须在室外进行时，应有防雨雪挡风措施。严禁刚焊接好的接头与冰雪接触，避免造成冷脆事故。

（二）混凝土的搅拌、运输、浇筑

冬期施工中外界气温低，由于空气和容器的热传导，混凝土在搅拌、运输和浇筑过程中应该注意加强保温，防止热量损失过大。

1. 混凝土的搅拌

冬期施工时，为了加强搅拌效果，应该选择强制式搅拌机。为确保混凝土的质量，还必须确定适宜的搅拌制度。冬期搅拌混凝土的合理投料顺序应与材料加热条件相适应。一般是先投入骨料和加热的水，待搅拌一定时间后，水温降低到40℃左右时，再投入水泥继续搅拌到规定时间，要绝对避免水泥"假凝"，投料量要与搅拌机的规格、容量相匹配，在任何情况下均不宜超载。搅拌时间与搅拌机的类型、容量、骨料的品种、粒径、干湿度、外加剂的种类、原材料的温度以及混凝土的坍落度有关，为满足各组成材料间的热平衡，冬期拌制混凝土的时间可适当延长。拌制有外加剂的混凝土时，搅拌时间应取常温搅拌时间的 1.5 倍。

对搅拌好的混凝土，应经常检查其温度和易性。若有较大差异，应检查材料加热温度、投料顺序或骨料含水率是否有误，以便及时调整。

2. 混凝土的运输

混凝土的运输时间和距离应保证混凝土不离析、不丧失塑性，尽量减少混凝土在运输过程中的热量损失，缩短运输路线，减少装卸和转运次数；使用大容积的运输工具，并经常清理，保持干净；运输的容器四周必须加保温套和保温盖，尽量缩短装卸操作时间。

3. 混凝土的浇筑

混凝土在浇筑前应对各项保温措施进行一次全面的检查，应该清掉模板和钢筋上的冰雪和污垢，尽量加快混凝土的浇筑速度，以防止热量散失过多。混凝土拌和的出机温度不能低于10℃，入模温度不得低于5℃，混凝土养护前的温度不得低于2℃。在制定浇筑方案的时候，首先应该考虑集中浇筑，不要分散浇筑，另外在浇筑的过程中工作面应尽量缩小，减少散热面；采用机械振捣，振捣的时间比常温的时间要长，尽量提高混凝土的密实度；保温材料应随浇随盖，保证有足够的厚度，互相搭接之处应当特别严密，防止出现孔洞或空隙缝，以免空气进入，造成质量事故。

加热养护整体式结构时，施工缝的位置应设置在温度应力较小处。加热温度超过 40℃时，由于温度高，势必在结构内部产生温度应力。因此，在施工前应征求设计单位的意见，确定跨内施工缝设置的位置。留施工缝处，在混凝土终凝后立即用 3~5kPa 的气流吹除结合面上的水泥膜、污水和松动石子。继续浇筑时，为使新老混凝土牢固结合，不产生裂缝，要对旧混凝土表面进行加热，使其温度和新浇筑混凝土的入模温度相同。

为保证新浇的混凝土与钢筋的可靠黏结，当气温在 -15℃以下时，直径大于 25mm 的钢筋与预埋件，可喷热风加热至 5℃，并清除钢筋上的污土和锈渣。

冬期不得在强冻胀性地基上浇筑混凝土，这种土冻胀变形大，如果地基土遭冻必然引起混凝土的变形并影响其强度。在弱冻胀性地基上浇筑时，应采取保温措施，以免遭冻。

开始浇筑混凝土时，要做好测温工作，从原材料加热直至拆除保温材料为止，对混凝土出机温度、运输过程的温度、入模时的温度以及保温过程的温度都要经常测量，每天至少测量 4 次，并做好记录。在施工过程中，要经常与气象部门联系，掌握每天气温情况，如有气温变化，要加强保温措施。

三、混凝土冬期施工方法的选择

混凝土冬期施工方法总共有三类：

（1）混凝土养护期间加热的方法。其主要包括电热法、蒸汽加热法和暖棚法。

（2）混凝土养护期间不加热的方法。其主要包括蓄热法和掺化学外加剂法。

（3）综合方法。该方法就是把以上两种方法综合起来应用，如目前最常用的综合蓄热法，即在蓄热法基础上掺加外加剂（早强剂或防冻剂），或采用短时加热等综合措施。

混凝土冬期施工方法是为保证混凝土在硬化过程中避免早期受冻所采用的综合措施。要考虑自然气温、结构类型和特点、原材料、工期限制、能源条件和经济指标。对工期不紧和无特殊限制的工程，从节约能源和降低冬期施工费用考虑，应优先选用养护期间不加热的施工方法或综合方法；在工期紧、施工条件不允许时才考虑选用混凝土养护期间加热的方法，一般要经过技术经济比较确定。一个理想的冬期施工方案应该是用最低的冬期施工费用，在最短的施工期限内，获得优良的施工质量。

第四章 屋面及防水工程施工技术与管理

在土木工程中，防水工程处于非常重要的地位，与建筑物及构筑物的寿命、使用环境及卫生条件等息息相关。屋面防水工程主要是为了防止水从屋面渗入建筑物而采取的一系列结构构造和建筑措施。这里所说的水既包括雨水，又包括人为因素产生的水。本章针对屋面及防水工程施工技术与管理进行研究，内容涉及屋面防水工程、地下防水工程、室内其他部位防水工程以及屋面防水工程施工案例。

第一节 屋面防水工程

一、屋面及其种类

在建筑物中，屋面是顶部结构，主要目的在于阻挡风吹日晒和雨雪等对建筑物的侵蚀，其需要具备的功能有防水、保温、隔热等。建筑物地理位置和类型的不同对屋面的要求也有所不同，所以，产生了多样化的屋面构造形式。卷材防水屋面、涂膜防水屋面是较为常见的屋面。下面针对这两种类型进行具体阐释。

（1）卷材防水屋面是指采用黏结胶粘贴卷材或采用带底面黏结胶的卷材进行防水的屋面，既可以使用热熔，也可以使用冷粘贴固定于屋面基层，其典型构造层次如图4-1所示，应该在具体设计要求的基础之上确定具体构造层次。

卷材防水屋面施工方法主要有以下几种：

1）有采用胶粘剂进行卷材与基层及卷材与卷材搭接黏结的方法。

2）利用卷材底面热熔胶热熔粘贴的方法。

3）利用卷材底面自黏胶黏结的方法。

4）采用冷胶粘贴或机械固定方法将卷材固定于基层、卷材间搭接采用焊接的方法等。

（2）涂膜防水屋面是将防水涂料涂刷在屋面基层上，经固化后形成一层有一定厚度和弹性的整体涂膜，进而实现防水的功能。涂膜防水屋面的典型构造层次如图4-2所示。应该依据设计的具体要求确定施工的层次。

图 4-1　卷材防水屋面构造层次

（a）正置式屋面；（b）倒置式屋面

图 4-2　涂膜防水屋面的构造

（a）正置式涂膜屋面；（b）倒置式涂膜屋面

二、卷材防水屋面

（一）卷材防水屋面常用材料

1. 基层处理剂

使用基层处理剂的目的在于使防水材料与基层之间的黏结力得以增强。它主要运用于防水层施工之前，是在基层上预先涂刷的涂料。冷底子油及与各种高聚物改性沥青卷材和合成高分子卷材配套的底胶是较为常见的基层处理剂。在对基层处理剂进行选择时，要考虑其与卷材材性的相容性，避免出现与卷材腐蚀或粘接不良的现象。其中，冷底子分为两种：快挥发性冷底子油和慢挥发性冷底子油，前者是用30%~40%的石油沥青加入70%的汽油混合而成，涂刷后干燥的时间为5~10h；后者是用30%~40%的石油沥青加入60%的煤油熔融而成，涂刷后干燥的时间为12~48h。

2. 胶黏剂

一般来讲，胶黏剂可以分为两种类型：基层与卷材粘贴的胶黏剂及卷材与卷材搭接的胶黏剂。此外，依据胶黏剂构成材料的差异还可以分为改性沥青胶黏剂和合成高分子胶黏剂。

3. 沥青胶结材料（玛琋脂）

沥青胶结材料是将一种或两种标号的沥青依据一定的比例进行混合，在熬制脱水之后，掺入适当品种和数量的填充材料配制而成。填充材料有石灰石粉、白云石粉、滑石粉、云母粉、石英粉、石棉粉和木屑粉等，填充量为10%~25%。耐热度与柔韧性是决定沥青胶结材料质量的关键性因素，具体要求是夏天高温时不流淌，冬季低温时不硬脆。

4. 沥青卷材

沥青卷材是指用原纸、纤维织物、纤维毡等胎体材料对沥青进行浸涂，表面撒布粉状、粒状或片状材料制成的可卷曲的片状防水材料。纸胎沥青油毡、玻璃纤维胎沥青油毡和麻布胎沥青油毡是常见的沥青卷材。

5. 高聚物改性沥青卷材

高聚物改性沥青卷材是可卷曲的片状防水材料，其涂盖层为合成高分子聚合物改性沥青，胎体为纤维织物或纤维毡，覆盖材料为粉状、粒状、片状或薄膜材料。

（二）结构层、找平层施工

1. 结构层要求

一般来讲，钢筋混凝土结构是层面结构的主要形式，分为预制钢筋混凝土板和整体现浇细石混凝土板。钢筋混凝土结构的具体要求为板安置平稳，用细石混凝土嵌填在板缝之间使其更加密实。对于较宽的板缝而言，首先要在板下设吊模补放钢筋，之后再用细石混凝土进行浇注。

2. 找平层施工

保持卷材铺贴的平整和牢固是找平层的主要功能。具体而言，找平层的要求有以下几个方面：

（1）必须保持清洁、干燥、平整，没有松动、起壳和翻砂现象。卷材屋面防水层质量受到找平层表面光滑度、平整度的影响。

（2）作为防水层的直接基层，要求强度达到 $5N/mm^2$ 以上时才允许铺贴屋面卷材防水层。

（3）为了方便油毡的铺贴，在墙、檐口、天沟等转角处均应做出小圆角。

一般而言，水泥砂浆、细石混凝土或沥青砂浆是找平层施工主要的材料。在冬季、雨季时适合使用沥青砂浆，有困难和抢工期时可采用水泥砂浆。

（三）隔气层、保温层施工

1. 隔气层施工

隔气层的主要作用是防止来自下面的蒸汽上渗，进而使保温材料保持干燥的状态。隔气层的两种具体做法是涂一层沥青胶或铺一毡二油。

2. 保温层施工

保温层可分为 3 种类型，其分别为松散材料保温层、板状保温层和整体保温层。一般来讲，房屋应设置保温层，其主要作用在于冬季防寒、夏季防热。平整、干燥、干净且含水率在设计要求的范围之内是对铺贴松散材料保温层的基层的具体要求。在具体施工的过程中，材料的密实度、热导率必须与具体的设计要求相符合，且要对其质量进行检验，看其是否符合标准。

（四）防水层的施工

防水层施工之前的必要准备工作是刷干净油毡上的滑石粉或云母片，其目的在于增强油毡与沥青胶的黏结能力，并做好防火安全工作。

一般来讲，卷材铺贴有以下几种方法及具体要求：

（1）在完成屋面其他工程的施工之后才能进行卷材防水层施工。

（2）在对有多跨和有高低跨的房屋进行铺贴时，铺贴的顺序为从高到低、从远到近。

（3）在铺贴单跨房屋时，首先应该对排水比较集中的部位进行铺贴，之后铺贴的顺序要依据标高先低后高。坡面与立面的卷材的铺贴应该由下向上，使卷材按流水方向搭接。

一般而言，屋面坡度决定了铺贴的方向。当坡度在 3% 以内时，卷材铺贴的方向应该与屋脊方向保持平行；当坡度处于 3%~15% 时，卷材的铺贴方向可依据当地的实际情况而定，或与屋脊平行，或与屋脊垂直，以保证卷材的稳定，不溜滑。

在铺贴平行于屋脊的卷材时，长边搭接大于等于 70mm；短边搭接平屋面不应小于100mm，坡屋面不应小于150mm，相邻两幅卷材短边接缝应错开，大于等于500mm；上下两层卷材应错开1/3或1/2幅宽。

在对平行于屋脊的搭接缝进行搭接时，应该顺着流水的方向；在对垂直屋脊的搭接缝进行搭接时，应该顺着最大频率风向（主导风向）。

在对上下两层卷材进行铺贴时不宜相互垂直。

以下两种情况应该避免短边搭接：坡度超过25%的拱形屋面和天窗下的坡面上。如果必须要使用短边搭接，在搭接处要采取一定的措施以达到防止卷材下滑的目的。

（五）卷材保护层的施工

在铺贴完卷材并检验合格之后，才能对保护层进行施工，以达到保护防水层免受损伤的目的。保护层的施工质量在很大程度上会影响防水层使用的年限，因此，必须予以高度重视。通常主要的方式有以下几种。

1. 绿豆砂保护层

在沥青卷材防水屋面中主要采用的保护层是绿豆砂。绿豆砂材料的优点在于具有低廉的价格，能在一定程度上保护沥青卷材，并降低其辐射热。所以，绿豆砂保护层广泛应用于非上人沥青卷材屋面中。

在具体进行绿豆砂保护层施工时，首先应该将沥青玛琋脂涂刷在卷材表面，并趁热将粒径为3~5mm的绿豆砂（或人工砂）撒铺在表面。具体需要注意的有以下两个方面：

（1）绿豆砂在使用之前必须经过严格的筛选，颗粒要均匀，且需要用水冲洗干净。

（2）在铺贴绿豆砂时，需要在铁板上预先加热干燥（温度为130~150℃），且铺撒的绿豆砂要均匀，以便与沥青玛琋脂牢固地结合在一起。

在对绿豆砂进行铺贴时，需要三个人共同完成。其中，一个人涂刷玛琋脂，另一个人趁热铺撒绿豆砂，第三个人的主要任务是用扫帚扫平或用刮板刮平，之后用软辊轻轻滚一遍，使砂粒嵌入玛琋脂。需要注意的是，为了避免将油毡刺破，在滚压过程中要用力恰当。对绿豆砂的铺贴应该与屋脊方向保持一致，顺卷材的接缝全面向前推进。

由于不同区域地理环境的差异，在选择绿豆砂进行时，要依据实际情况选择粒径不同的颗粒。对于降雨量较大的地区，适宜采用粒径为6~10mm的小豆石，原因在于如果绿豆砂的颗粒较小，容易被大雨冲刷，使出水口堵塞。

2. 细砂、云母及蛭石保护层

非上人屋面涂膜防水层的保护层常采用细砂、云母或蛭石。需要注意的是，在具体使用之前，要将粉料筛除。

3. 预制板块保护层

砂或水泥砂浆可以应用于预制板块保护层的结合层。铺砌板块之前，应该先以排水坡度要求为依据进行挂线，以达到保护层铺砌的块体横平竖直的目的。

4. 水泥砂浆保护层

对于隔离层而言，应该设置在水泥砂浆保护层与防水层之间。一般来讲，保护层用的水泥砂浆配合比（体积比）为水泥：砂＝1：（2.5~3）。

在对保护层进行施工之前，应该在分析具体结构的基础上利用木模每隔4~6m设置纵横分格缝。在铺水泥砂浆的过程中，应该做到一边铺一边拍实，并使用刮尺使其保持平整，之后需要压出间距不大于1m的表面分格缝，工具是直径为8~10mm的钢筋或麻绳。最终凝固之前必须使用铁抹子压光保护层。对保护层的要求是平整，且排水坡度与具体的设计要求相符合。

5. 细石混凝土保护层

使用细石混凝土对保护层进行整体浇筑之前，要先将隔离层铺在防水层上，如果有具体的设计要求，应依据具体的设计要求设置分格缝木模；如果没有具体的设计要求，通常，每格面积不大于36m²，分格缝宽度为20mm。尤其需要注意的是，在对一个分格内的混凝土进行浇筑时要具有连续性，不能留有施工缝。

三、涂膜防水屋面

（一）涂膜防水屋面常用材料

1. 防水涂料

防水材料是一种流态或半流态物质，涂刷于基层表面后经溶剂（或水）的挥发，或各组分之间的化学反应形成有一定厚度的弹性薄膜，进而隔绝表面与水，达到防水与防潮的目的。

高聚物改性沥青防水涂料、合成高分子防水涂料以及聚合物水泥防水涂料是较为常见的防水材料。下面针对这三种防水材料进行具体介绍。

（1）高聚物改性沥青防水涂料。这是一种薄质型防水涂料，基料是沥青，加入改性材料合成高分子聚合物，配制成水乳型或溶剂型防水涂料、氯丁胶乳沥青防水涂料、SBS改性沥青防水涂料、APP改性沥青防水涂料等是高聚物改性沥青防水涂料的主要品种。

（2）合成高分子防水涂料。它的主要成膜物质是合成橡胶或合成树脂，并将其他辅助材料加入其中的一种单组分或多组分防水涂料。单组分（双组分）聚氨酯防水涂料、丙烯酸防水涂料、硅橡胶防水涂料、氯丁橡胶防水涂料等是合成高分子防水涂料的主要品种。

（3）聚合物水泥防水涂料。这是一种双组分防水涂料，由有机液料和无机粉料复合而成，优点在于具有较高的弹性和较好的耐久性。

2. 密封材料

嵌缝油膏和聚氯乙烯胶泥是常见的密封材料。其中，嵌缝油膏的基料是石油沥青，将改性材料和其他填充料加入其中进行配制。沥青嵌缝油膏、沥青橡胶嵌缝油膏以及塑料嵌缝油膏是密封材料的主要品种。通常使用冷嵌对嵌缝油膏进行施工。

聚氯乙烯胶泥属于热塑型防水嵌缝材料，其成分主要为煤焦油、聚氯乙烯树脂和增塑剂、稳定剂、填充料等。一般来讲，聚氯乙烯胶泥采用现场配制，热灌施工。

（二）涂膜防水屋面施工

涂膜防水屋面与卷材防水层具有相同的施工顺序，对结构层的处理同样是涂膜防水施工前必不可少的准备工作。需要注意以下几个方面：

（1）在填充板缝时，在板端缝处需要进行柔性密封处理。

（2）就非保温屋面的板缝而言，应该留下凹槽，且深度大于等于20mm，并用油膏对嵌缝进行嵌填。

油膏嵌填前必须要清理干净板缝，之后用冷底子油涂满整个板缝，待其干燥后，及时对板缝进行油膏嵌填，采用的方式既可以是冷嵌，也可以是热灌。油膏的覆盖宽度应超出板缝两边不少于20mm。嵌缝后，应沿缝及时做好保护层。

涂膜防水屋面的保温层及基层与卷材防水屋面具有相同的处理方法。在涂刷完基层处理剂并干燥后才可以进行涂膜防水的施工。防水涂膜应分遍涂布，待涂布的涂料干燥成膜后，方可涂布后一遍涂料，前后两遍涂料应该保持涂料的方向。一般来讲，涂布时，首先要使涂料在屋面基层上分散开来，利用脚皮刮板对涂料进行刮涂，使其保持厚薄均匀一致、不露底、不存在气泡、表面平整的状态。而且应用防水涂料多遍涂刷或用密封材料封严涂膜防水层的收头处。

在对防水涂料进行施工的过程中，在开裂、渗水的部位应该增设加胎体增强材料作为附加层。较为常用的胎体材料有聚酯无纺布和化纤无纺布。在对胎体增强材料进行铺贴时，应该与屋脊铺设相垂直，且要从屋面最低处开始向上铺贴。

特别需要注意的是，在以下几种情况下不能进行施工：第一，在涂膜防水层在没有进行保护层施工之前，在防水层上不能进行施工，或是放置物品。第二，雨天或在涂层干燥结膜前可能下雨时，也不能施工；第三，在气温高于35℃及日均气温在5℃以下也不适宜施工。

第二节　地下防水工程

一、防水混凝土结构施工

防水混凝土是通过对混凝土的配合比进行调整或加入外加剂，使混凝土本身的密实性和抗渗性得以提高，使其有一定防水能力的整体式混凝土或钢筋混凝土。通常来讲，防水混凝土的抗渗等级不得小于 S6。普通防水混凝土和外加剂防水混凝土是较为常见的防水混凝土；加气剂防水混凝土、减水剂防水混凝土和三乙醇胺防水混凝土是较为常见的外加剂防水混凝土。

（一）防水混凝土的材料要求

对防水混凝土的水泥品种进行选择的依据是设计要求。其对水泥的要求是：抗水性好、泌水小、水化热低并具有一定的抗腐蚀性，强度等级不应低于 32.5 级。在施工过程中有以下 3 种情况：

（1）在不受侵蚀性介质和冻融作用时，采用普通硅酸盐水泥、火山灰质硅酸盐水泥、粉煤灰硅酸盐水泥、矿渣硅酸盐水泥较为适宜。需要注意的是在矿渣硅酸盐水泥的具体使用过程中，必须要将高效减水剂掺入其中。

（2）在受侵蚀性介质作用时，水泥的选用应该依据介质的性质决定。

（3）在受冻融作用时，普通硅酸盐水泥是优先的选择，而火山灰质硅酸盐水泥和粉煤灰硅酸盐水泥不适宜使用。

此外，还应注意以下几方面的问题：

（1）防水混凝土的砂采用中砂较为适宜，且要求含泥量（质量分数）不大于 3%。

（2）石子最大粒径不宜大于 40mm，不得使用碱活性骨料。

（3）应该采用不含有害物质的洁净水对混凝土进行搅拌。

（4）应该依据工程的需要，经过试验确定减水剂、膨胀剂、防水剂、密实剂、引气剂、复合型外加剂等外加剂的品种和掺量。尤其需要注意的是，对于所有外加剂的质量必须符合国家或行业标准一等品及以上的要求。如果要将粉煤灰掺入混凝土，要求粉煤灰的级别不应低于二级，掺量不宜大于 20%，硅粉掺量不应大于 3%。

（5）可以按照工程抗裂的具体需要将钢纤维或合成纤维掺入防水混凝土中，通常各类材料的总碱量在每立方米防水混凝土中不得大于 3kg。

（二）防水混凝土的配合比要求

对于防水混凝土的配合比有以下规定：

（1）水泥用量不得少于 320kg/m³；

（2）掺有活性掺合料时，水泥用量不得少于 280kg/m³；

（3）砂率宜为 35%～40%，泵送时可增至 45%；灰砂比宜为 1：1.5～1：2.5；

（4）水灰比不得大于 0.55；

（5）普通防水混凝土坍落度不宜大于 50mm。

防水混凝土采用预拌混凝土时，入泵坍落度宜控制在（120±20）mm，入泵前坍落度每小时损失值不应大于 30mm，坍落度总损失值不应大于 60mm；将引气剂或引气型减水剂掺入其中时，混凝土含气量应控制在 3%～5%；防水混凝土采用预拌混凝土时，6～8h 为较为适宜的缓凝时间。

（三）防水混凝土施工

在防水混凝土施工的过程中，要求模板要平整、稳定、牢固，拼缝严密不漏浆。为了避免水沿缝隙渗入防水混凝土中，固定模板的螺栓和铁丝不宜从防水混凝土结构穿过。防水混凝土结构内部设置的各种钢筋或绑扎铁丝不得与模板接触。固定模板用的螺栓应采用工具式螺栓或螺栓加堵头，螺栓上应加焊方形止水环。将模板拆除之后，为了使留下的凹槽封堵密实，必须加强防水措施，而且防水涂料应涂抹在迎水面，具体做法如图 4-3 所示。

图 4-3　固定模板用螺栓的防水做法
1—模板；2—结构混凝土；3—止水环；4—工具式螺栓；
5—固定模板用螺栓；6—嵌缝材料；7—聚合物水泥砂浆

为了使防水混凝土工程的质量得到保障，应严格按照施工验收规范和操作规程进行防水混凝土的配料、搅拌、运输、浇捣和养护。防水混凝土在具体的施工过程中，需要注意以下几个方面：

（1）必须采用机械对拌合物进行搅拌，通常时间上不应小于 2min。但是，在有外加剂掺入防水混凝土中时，搅拌时间的确定由外加剂的技术要求决定。防水混凝土拌合物在运输后如果出现离析现象，必须再次进行搅拌；当坍落度损失后不能满足施工要求时，应加入原水灰比的水泥浆或掺加减水剂再次进行搅拌。但是不能将水直接加入其中。

（2）必须采用高频机械对防水混凝土进行振捣密实，通常 10~30s 是较为适宜的振捣时间，具体标准是混凝土泛浆和不冒气泡，应该尽量避免漏振、欠振和超振现象的出现。在将引气剂或引气型减水剂掺入其中时，防水混凝土的振捣应该采用高频插入式振捣器。

（3）防水混凝土的浇筑应该分层进行，每层厚度不宜超过 30~40cm，相临两层浇筑时间不应超过 2h。对混凝土进行浇筑时的自由下落高度不得超过 1.5m，如果超过了 1.5m 就需要使用串筒或溜槽。

（4）防水混凝土的浇筑应该具有连续性，宜少留施工缝。当留设施工缝时，应遵守以下规定：

1）在剪力与弯矩最大处或底板与侧墙的交接处不应留设墙体水平施工缝，高出底板表面大于等于 300mm 的墙体上是较为适宜留设施工缝的位置。

2）在拱（板）墙接缝线以下 150~300mm 处适宜留设拱（板）墙结合的水平施工缝。

3）如果墙体有预留孔洞，则施工缝距孔洞边缘之间的距离不应该小于 300mm。

4）垂直施工缝的设置适宜与变形缝相结合（施工缝防水构造形式如图 4-4 所示），要尽量避免设置在地下水和裂隙水较多的地段。

从图 4-4 中可以看出，依据图 4-4（b）的处理方式时，外贴止水带的长度 $L \geq 150cm$，外涂防水涂料和外抹防水砂浆宽度 $L = 200cm$；采用图 4-4（c）的处理方式时，钢板止水带长度 $L \geq 100cm$，橡胶止水带长度 $L \geq 125cm$，钢边橡胶止水带长度 $L \geq 120cm$。

图 4-4 施工缝防水构造形式

1—先浇混凝土；2—后浇混凝土；3—遇水膨胀止水条；4—外贴防水层；5—中埋止水带

在施工缝上继续浇筑混凝土之前，首先应将施工缝处的混凝土表面凿毛，对浮粒和杂物进行清理，用水冲洗干净，并保持湿润状态；之后再将厚度为 20～25mm 的水泥砂浆铺在上面，继续浇筑。浇筑时水泥砂浆所用材料和灰砂比与混凝土的材料和灰砂比应该保持一致。

在对大体积防水混凝土进行施工时，设计强度应为混凝土 60d 强度；采用低热或中热水泥，掺加粉煤灰、磨细矿渣粉等掺合料；掺入减水剂、缓凝剂、膨胀剂等外加剂。

如果施工时天气炎热，则通常要采取一定的降温措施，如降低原材料温度、减少混凝土运输时吸收外界热量等。要在混凝土内部预先埋设管道，以使冷水散热；混凝土不仅要保温，而且要保湿，混凝土中心温度与表面温度的差值不应大于 25℃，混凝土表面温度与大气温度的差值不应大于 25℃。如果施工时天气寒冷，混凝土入模温度不应低于 5℃；其养护方法主要有综合蓄热法、蓄热法、暖棚法等，同时要使混凝土表面保持湿润状态，避免混凝土出现早期脱水的状态。

二、水泥砂浆防水施工

所谓水泥砂浆防水层指的是用水泥砂浆、素灰（纯水泥浆）交替抹压涂刷四层或五层的多层抹面的泥砂浆防水层。其能够防水的原因在于分层闭合，构成一个多层整体防水层，且层的残留毛细孔道互相堵塞住，防止水分的渗透。

在基础垫层、初期支护、围护结构及内衬结构验收合格之后，才能够进行水泥砂浆防水层的施工，可用于结构主体的迎水面或背水面。普通水泥砂浆、聚合物水泥防水砂浆、掺外加剂或掺合料防水砂浆等是较为常用的水泥砂浆防水层，具体施工通常采用多层抹压法。

（一）水泥砂浆防水层的材料要求

通常来讲，水泥砂浆防水层对材料的要求如下：

（1）采用强度等级不低于 32.5MPa 的普通硅酸盐水泥、硅酸盐水泥、特种水泥，过期或受潮结块水泥坚决不能使用。

（2）砂宜采用中砂，含泥量不大于 1%，硫化物和硫酸盐含量（质量分数）不大于 1%。

（3）对聚合物乳液的要求是外观应无颗粒、异物和凝固物，固体含量（质量分数）应大于 35%，一般选用专用产品。

（4）外加剂的技术性能应该达到国家或行业产品标准一等品以上的质量要求。

依据工程的具体需要确定各种材料的配合比。其中，水泥砂浆的水灰比宜控制在 0.37～0.40 或 0.55～0.60 范围内。水泥砂浆灰砂比宜用 1：2.5，其水灰比为 0.60~0.65 之间，稠度宜控制在 7~8cm。如掺外加剂或采用膨胀水泥时，应依据专门的技术规定决定其配合比。

（二）泥砂浆防水层施工

对基层的处理是施工之前必不可少的环节，要求其表面平整、坚实、粗糙、清洁，并充分湿润、无积水，而且应该用与防水层相同的砂浆将基层表面的孔洞、缝隙堵塞抹平。防水砂浆层施工之前应该将预埋件、穿墙管预留凹槽内嵌填密封材料。

防水层的第一层将素灰抹在基面上，厚度为 2mm，分两次涂抹完成。第二层抹水泥砂浆，厚度为 4~5mm，在第一层初凝时抹上，增强两层之间的黏结。第三层抹素灰，厚度为 2mm，要在第二层凝固并有一定强度、表面适当洒水湿润后进行。第四层抹水泥砂浆，具体操作与第二层相同。如果采用的四层防水，那么第四层应该提浆压光；如果采用的是五层防水，则第五层应该再刷一遍水泥浆，并抹平压光。无论是四层防水还是五层防水，各层之间应该紧密贴合，且要连续施工。如果必须留茬时，采用阶梯坡形茬，依层次顺序操作，层与层之间的搭接要紧密。同时，需要注意的是离阴阳角处不得小于 200mm。

此外，泥砂浆防水层的施工会受到天气的影响。在雨天及 5 级以上大风天气中不适宜进行水泥砂浆防水层的施工。如果施工时处于冬季，气温不应低于 5℃，且基层表面温度应保持 0℃ 以上。如果施工时处于夏季，在 35℃ 以上或烈日照射下不适宜进行施工。

在普通水泥砂浆防水层终凝后，必须及时进行养护工作，具体要求为养护温度不宜低于 5℃，养护时间不得少于 14 天，且养护期间应保持湿润。

值得注意的是，聚合物水泥砂浆防水层的聚合物水泥砂浆拌和后在使用时是有时间限制的，一般要在 1h 内用完，施工中不得任意加水。防水层没有硬化之前，要避免浇水养护或直接受雨水冲刷，硬化后的养护应该采取干湿交替的方法。如果环境较为潮湿，养护可以在自然条件下进行。

三、卷材防水层施工

较为常用的防水处理方法是地下室卷材防水，原因在于卷材防水层的韧性和延伸性对侧压力、振动和变形具有一定的承受能力。沥青防水卷材、高聚物防水卷材和合成高分子防水卷材，以及利用胶结材料通过冷粘、热熔黏结等方法形成的防水层是较为常用的卷材。在地下室卷材防水层施工过程中外防水法（卷材防水层粘贴在地下结构的迎水面）是主要的防水方法。外防水可以分为外防外贴法和外防内贴法，其依据是保护墙施工先后和卷材铺贴的位置差异。

（一）外防外贴法施工

所谓外防外贴法就是在垫层铺贴好底板卷材防水层后，对地下需要防水结构的混凝土底板与墙体进行施工，等拆除墙体侧模之后，在墙面上直接铺贴卷材防水层，如图4-5所示。

图 4-5　外贴法
1—垫层；2—找平层；3—卷材防水层；4—保护层；5—构筑物；
6—油毡；7—永久保护墙；8—临时性保护墙

外防外贴法的施工程序包括以下几个步骤：

（1）对防水结构的底面混凝土垫层进行浇筑，并在垫层上砌筑部分永久性保护墙，将一层油毡干铺到墙下，墙的高度一般大于等于 $B+(200\sim500)\,mm$（B为底板厚度）。

（2）在永久性保护墙上用石灰砂浆砌高度为 150mm ×（油毡层数+1）的临时保护墙。在永久性保护墙上和垫层上涂抹 1：3 水泥砂浆找平层，通常采用石灰砂浆进行找平，等找平层基本干燥后，用冷底子油将其涂满，之后，在对立面和平面卷材防水层进行分层铺贴，并临时固定顶端。

（3）在完成防水结构施工之后，要揭开并清理干净临时固定的接茬部位的各层卷材，再将水泥砂浆找平层涂抹在此区段的外墙表面上，将冷底子油涂满找平层，在结构层面上将卷材分层错槎搭接向上铺贴，并及时做好防水层的保护结构。

（二）外防内贴法施工

外防内贴法是指在垫层四周砌筑保护墙之后，在垫层和保护墙上铺贴卷材防水层，最后再地下需防水结构的混凝土底板与墙体进行施工，如图4-6所示。

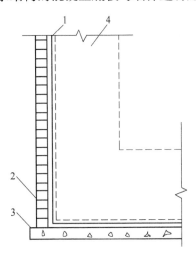

图 4-6　内贴法
1—卷材防水层；2—保护层；3—垫层；4—尚未施工的构筑物

具体来讲，外防外贴法的施工程序包括以下几个步骤：

（1）对底板的垫层进行铺贴。在垫层四周砌筑永久性保护墙，之后将 1∶3 水泥砂浆找平层涂抹在垫层及保护墙上，待其基本干燥并满涂冷底子油后，沿保护墙与底层对防水卷材进行铺贴。

（2）完成铺贴之后，将最后一层沥青胶涂刷在立面防水层上，趁热将干净的热砂或散麻丝粘上，等到冷却之后，立即涂抹厚度为 10~20mm 的 1∶3 水泥砂浆找平层。

（3）将一层厚度为 30~50mm 的水泥砂浆或细石混凝土保护层铺设在平面上，之后，再进行防水结构的混凝土底板和墙体的施工。

卷材防水层的施工要求包括以下几点：

（1）铺贴卷材的基层表面必须牢固、平整、清洁和干燥。

（2）阴阳角处均应做成圆弧或钝角。

（3）在对卷材进行粘贴前，应该使用与卷材相容的基层处理剂满涂基层表面。

（4）在对卷材进行铺贴时应该将胶结材料涂刷均匀。

其中，在使用外贴法和内贴法对卷材进行铺贴时，铺贴的顺序存在差异。使用外贴法时，铺贴顺序为先铺平面，后铺立面，平立面交接处应交叉搭接；使用外内贴法时，铺贴顺序为先铺立面，后铺平面。此外，在对立面卷材进行铺贴时，应先铺转角，后铺大面。一般来讲，对于卷材的搭接长度的要求为长边不应小于 100mm，短边不应小于 150mm，上下两层和相邻两幅卷材的接缝应相互错开 1/3 幅宽，避免相互垂直铺贴。卷材的接缝应该在立面和平面的转角处，在平面上距离立面大于等于 600mm 处最为合适。所有转角处均应铺贴附加层。卷材与基层和各层卷材间要黏结牢固，要将搭接缝密封好。

第三节　室内其他部位防水工程

一、外墙防水工程

建筑外墙防水防护要达到的目的是防止雨水、雪水侵入墙体。如果外墙使用合理，且采取正常的维护措施，适宜进行墙面整体防水。此外，也可以采用节点构造防水措施应用于年降水量≥400mm 地区的其他建筑外墙。

（一）外墙整体防水构造

砂浆防水层适宜设置分格缝，具体位置是墙体结构不同材料的交接处。水平分格缝适宜与窗口上沿或下沿保持平行和齐整；垂直分格缝间距不宜大于 6m，且宜与门、窗框两边线对齐。对于分格缝来讲，8~10mm 是较为适宜的宽度，并且应该对密封材料的分格缝进行密封处理。但是需要注意的是，当使用保温层的抗裂砂浆层兼作防水防护层时，防水防护层不宜设置分格缝。

1. 无外保温外墙的防水构造

外墙采用涂料饰面时，在找平层和涂料饰面层之间应该设置防水层，可以采用普通防水砂浆。

当外墙采用块材饰面时，防水层的位置应该在找平层和块材黏结层之间。普通防水砂浆是防水层采用的主要材料。

外墙采用幕墙饰面时，防水层的位置应该位于找平层和幕墙饰面之间。普通防水砂浆、聚合物防水砂浆、聚合物水泥防水涂料、聚合物乳液防水涂料、聚氨酯防水涂料或防水透气膜是防水层采用的主要材料。

防水防护层的最小厚度应符合表 4-1 的规定。

表 4-1　无外保温外墙的防水防护层最小厚度要求　　　　（mm）

墙体基层种类	饰面层种类	聚合物水泥防水砂浆 干粉类乳液类	普通防水砂浆	防水涂料	防水饰面涂料
现浇混凝土	涂料	—	—	1.0	1.2
	面砖	—	—	—	—
	幕墙	—	—	1.0	—

续表 4-1

墙体基层 种类	饰面层种类	聚合物水泥防水砂浆 干粉类乳液类		普通防水 砂浆	防水涂料	防水饰面 涂料
砌体	涂料	5	8	10	1.2	1.5
	面砖				—	—
	干挂幕墙				1.2	—

2. 外保温外墙的防水构造

采用涂料饰面时，可以将聚合物水泥防水砂浆或普通防水砂浆应用于防水层。如果保温层的抗裂砂浆层能够达到聚合物水泥防水砂浆性能指标要求，就可以同时发挥防水防护层的作用。通常，防水层设置在保温层和涂料饰面之间，乳液聚合物防水砂浆厚度不应小于5mm，干粉聚合物防水砂浆厚度不应小于3mm。

采用块材饰面时，聚合物水泥防水砂浆适宜应用于防水层之中，厚度与上述规定一致。如果保温层的抗裂砂浆层达到聚合物水泥防水砂浆性能指标要求，亦可兼作防水防护层。

采用幕墙饰面时，防水层的位置应该处于找平层和幕墙饰面之间（图4-7），聚合物水泥防水砂浆、聚合物水泥防水涂料、聚合物乳液防水涂料、聚氨酯防水涂料或防水透气膜是防水层较为适宜采用的材料。对于防水砂浆厚度要求与上述规定是一样的，防水涂料应该保持小于1.0mm的厚度。如果外墙保温层选择的保温材料是矿物棉，则防水透气膜较为适宜应用于防水层中。

聚合物水泥防水砂浆防水层中应增设耐碱玻纤网格布或热镀锌钢丝网，并应用锚栓固定于结构墙体中，如图4-8所示。

3. 外墙饰面层防水构造

防水砂浆饰面层应该依据建筑层高设置分格缝。但是，需要注意分格缝间不应大于6m；8~10mm为较为适宜的缝宽。

面砖饰面层适宜留设宽度为5~8mm的块材接缝，在对接缝进行填充时，可以采用聚合物水泥防水砂浆。

在对防水饰面进行涂刷时要均匀，应该依据具体的工程与材料确定涂层的厚度，但是一般来讲不得小于1.5mm。

图 4-7 幕墙饰面外保温外墙防水构造
1—结构墙体；2—找平层；3—保温层；
4—防水层；5—面板；6—挂件；
7—竖向龙骨；8—连接件；9—锚栓

上部结构与地下墙体交接部位的防水层应与地下墙体防水层搭接在一起，搭接长度不应小于150mm，且应用密封材料封严防水层的收头，如图4-9所示。

对于有保温的地下室外墙防水防护层，应该与保温层的深度相一致。

图 4-8　抗裂砂浆层兼作防水层的
外墙防水构造

1—结构墙体；2—找平层；3—保温层；
4—防水抗裂层；5—装饰面层；6—锚栓

图 4-9　与散水交接部位防水防护构造
1—外墙防水层；2—密封材料；
3—室外地坪（散水）

（二）外墙细部防水构造

1. 门窗

在填空门窗框与墙体间的缝隙时，通常适宜采用聚合物水泥防水砂浆或发泡聚氨酯材料。门窗框也应该做好防水工作，且门窗框间应预留凹槽，将密封材料嵌填其中。此外，门窗上楣的外口应做滴水处理；外窗台应该设置外排水坡度，坡度大于等于5%，如图4-10所示。

2. 雨篷、阳台

雨篷应该设置外排水坡度，坡度应大于等于1%，外口下沿应做滴水线处理；雨篷与外墙交接处的防水层应连续；雨篷防水层应沿外口下翻至滴水部位。

不封闭阳台应向水落口设置排水坡度，坡度大于等于1%，且应该用密封材料对水落口周围留槽嵌填。阳台外口下沿应做滴水线设计，如图4-11所示。

图 4-10　门窗框防水防护立剖面构造

1—窗框；2—密封材料；3—发泡聚氨酯填充；

4—滴水线；5—外墙防水层

图 4-11　雨篷、阳台防水防护构造

1—密封材料；2—滴水线

3. 女儿墙压顶

一般来讲，适宜采用现浇钢筋混凝土或金属对女儿墙进行压顶，且应该向内找坡，坡度不应小于 2%。当压顶材料采用混凝土时，外墙防水层应上翻直到压顶的位置，可以采用防水砂浆作为内侧的滴水部位防水层的材料，如图 4-12 所示。当压顶材料采用金属时，防水层应做到压顶的顶部，采用专用金属配件对金属压顶进行固定。

（三）外墙防水施工

1. 外墙防水砂浆施工

在防水砂浆达到设计强度的 80% 后才能进行砂浆防水层分格缝的密封处理。需要注意的是，在密封之前，应该清理干净分格缝，嵌填密封材料要密实。

砂浆防水层转角适宜抹成半径大

图 4-12　女儿墙防水构造

1—混凝土压顶；2—防水砂浆

于等于 5mm 的圆弧形，转角抹压应顺直。

门框、窗框、管道、预埋件等与防水层相接处应该设置凹槽，宽度一般为 8~10mm，并对其进行密封处理。

2. 外墙保温层的抗裂砂浆层施工

应该依据设计的要求决定抗裂砂浆层的厚度、配比。尤其是要将纤维等抗裂材料掺入其中时，应依据设计的要求决定具体的配比，并均匀搅拌。

当外墙保温层采用有机保温材料应用时，在对抗裂砂浆进行施工时首先应该对界面进行涂刮，对材料进行处理，之后再对抗裂砂浆进行分层抹压。

耐碱玻纤网格布或金属网片适宜设置在抗裂砂浆层的中间。其中，金属网片应该牢固固定在墙体结构上，而在对玻纤网格布进行铺贴时，应该保持平整，避免出现褶皱，大于等于 50mm 是两幅间搭接的适宜宽度。

在涂抹抗裂砂浆时，应该平整、压实，避免出现接茬印痕。防水层为防水砂浆时，抗裂砂浆表面应搓毛。

在抗裂砂浆终凝之后应进行保湿养护。防水砂浆适宜的养护时间不少于 14d。需要注意要避免在养护期间受冻。

二、厨房、卫生间防水工程

厨房和卫生间防水工程要对排水和防水都予以重视。其中，对于卫生间防水工程，防水层和室内排水的要求都较高；而对于厨房，通常排水是防水工程的重点。实践证明，在目前常见的防水事故中，相较于其他防水工程，发生厨房、卫生间防水事故的频率更高。所以，厨房、卫生间防水工程的施工必须严格按照设计要求和规范进行。

卫生间的施工和维修具有很大的难度，原因在于空间小、管道多。在具体的施工过程中，需要注意以下几方面的问题：

（1）通常采用加胎体增强材料的涂膜防水，以满足较好的防水要求和防水结构的耐久性要求。

（2）防水层必须向排水管方向设置找坡层，以便于厕浴间积水的排出。

厨房的防水要求比厕浴间要低一些。在厨房中，排水是防水的重点所在。在厨房防水施工过程中，地面以及用水器具的排水处理是需要重点关注的。当前，大多数都采用涂膜防水进行厨房的地面防水工程。

（一）厨房、卫生间常用防水材料

厨房、卫生间常用防水材料主要包括：

（1）主体材料。聚氨酯防水涂料、氯丁胶防水涂料、硅橡胶防水涂料等是厕浴间与厨房防水工程中较为常用的防水涂料。其中，氯丁胶乳沥青防水涂料是将聚氯乙烯乳状液与乳化石油沥青按照一定的比例进行混合乳化后形成的水乳型防水涂料，呈现出来的颜色是深棕色。SBS橡胶改性沥青防水材料是一种水乳型弹性沥青防水涂料，主要原料为沥青、橡胶、合成树脂。氯丁胶乳沥青防水涂料和 SBS橡胶改性沥青防水涂料必须经复试合格之后才能使用。

（2）主要辅助材料。为了增强厕浴间防水的胎体，常使用玻璃纤维布作为附加材料。如果没有特殊的设计要求，中碱涂膜玻璃纤维布或无纺布是较为常用的材料。除此之外，应该选用直径2mm左右的砂粒，含泥量（质量分数）不大于1%，适宜选用32.5级硅酸盐水泥、普通硅酸盐水泥或矿渣硅酸盐水泥。

（二）厨房、卫生间防水施工

厨房、卫生间防水施工包括：

（1）基层处理。卫生间的楼面结构层应采用现浇混凝土或整块预制混凝土板，其混凝土的强度等级不应低于C30，通常采用芯模留孔的方法对楼面上的孔洞进行施工。楼面结构层四周支承处除门洞外，应设置向上翻的高度不应小于120mm、宽度不应小于100mm的边梁。

卫生间找平层的厚度大约为20mm，通常采用1∶3水泥砂浆进行找平，应向地漏处找2%排水坡度，地漏处坡度为3%~5%。应该避免出现积水现象。对于找平层来说，应平整坚实，所有转角应做成半径为10mm的均匀一致的平滑小圆角。对于处理好的基层的要求是平整密实，避免出现酥松、起砂的现象。如果出现裂缝应该首先对有渗漏的部位进行修补和找平，之后再进行防水层的施工。

防水工程的具体实施必须在贯穿厨房和卫生间地面及楼面的所有立管、套管施工完毕，固定牢固并经过验收合格，且用豆石混凝土填满管周围缝隙之后进行。

（2）防水施工。一般来讲，厨房和卫生间防水工程的范围包括地面防水、墙面防水、穿板管道防水、地漏防水和用水器具防水等多个子工程。其中，在防水处理方面，地面防水、墙面防水与采用加胎体增强材料的涂膜防水施工方法基本相同。需要引起注意的是，与地面面层相比，厕浴间地面防水层四周应该高出250mm，墙面的防水层高度应不小于1800mm，浴盆临墙防水层高度应超过浴盆400mm。

管道的防水处理是厨房和卫生间防水工程的需要特别注意的。防水材料的铺设在穿过楼面管道四周时应该沿着向上的方向，高于套管上口。而在与墙面贴近之处，防水材料的铺设应该依据设计的高度沿着向上的方向。在确定了穿过楼板管件的具体位置之后，要使用掺膨胀剂的豆石混凝土对管道孔洞、套管周围的缝隙进行浇筑，使其严实不留缝隙。如果是较大的孔洞，应采用吊底模浇灌，用密封材料将管根处封闭起来，沿着向上的方向刮涂30~50mm，如图4-13所示。

在对阴阳角和突出基面结构连
接处进行处理时，应做成半径大于
等于 20mm 的圆弧或钝角，且应该
增加铺涂防水材料。具体可依据工
程情况及使用的标准来选择防水材
料。变形缝、施工缝和新旧结构接
头处应沿缝隙剔成凹槽，宽度和深
度大约为 30～50mm，应沿凹槽两
侧将表面尽可能凿成锯齿状，并用
清水冲洗，然后将缝隙用嵌缝材料
填充严实。之后再涂刷一遍防水涂
料，随后铺贴一层无纺布，再用防
水涂料在布上涂刷一遍。

图 4-13　厕浴间穿板管道防水处理
1—结构层；2—找坡层；3—防水层；
4—保护层；5—面层；6—附加材料层；
7—密封材料；8—细石混凝土

　　地漏的防水处理也是厨房和卫
生间的防水施工中需要引起重视
的。常见的地漏防水处理如图 4-14 所示。

图 4-14　厕浴间地漏的防水处理
1—结构层；2—找坡层；3—防水层；4—保护层；5—面层；6—附加材料层；
7—密封材料；8—细石混凝土

用水器具的安放需要注意以下几个方面：
（1）安放位置准确、平稳。
（2）必须用高档密封材料密封用水器具的周围，在两种材料接合处必须加
软垫，用聚氨酯嵌缝材料封闭严实。
（3）在对坐便器进行安装打孔时，不能将防水层打透。

蓄水试验与面层处理。蓄水试验要在防水层工程完成之后才能进行,灌水高度应达到找坡最高点水位 20mm 以上,蓄水时间不小于 24h。如果出现渗漏,要先对其进行修补,之后再进行蓄水试验,不出现渗透才合格。

此外,在蓄水试验合格后,防水层实干后,需要加盖 25mm 厚 1∶2 的水泥砂浆保护层,并对保护层进行保湿养护。

可将地砖或者其他面层装饰材料铺贴在水泥砂浆保护层上,铺贴面层材料所用的水泥砂浆宜加 107 胶水,同时要充填密实,避免出现空鼓和高低不平的现象,卫生间内的排水坡度和坡向应在施工过程中特别注意,在地漏附近 50mm 处可依据实际情况适当增大排水坡度。

应在完成卫浴间所有装饰工程之后进行第二次蓄水试验,其目的在于检验防水层完工后是否被水电或其他装饰工程损坏进行,检验合格即完成了厕浴间的防水施工。

第五章　建筑工程投资与进度控制管理

建筑业具有周期长、规模大、运用技术多样化等特点，投资规模日益增加，一旦对投资与进度失去控制，就会引起很大损失。对投资和进度的控制要加以关注，使投资合理化使用、资源得到优化配置，加强对工程进度及投资的控制，这些对于高效完成工程建设任务、取得高效益，具有非常重要意义。本章主要探讨建筑工程投资控制、建筑工程全过程阶段的投资控制、建筑工程进度计划控制。

第一节　建筑工程投资控制

一、工程项目投资控制的本质

建设工程项目投资控制是指以建设项目为对象，在投资计划范围内为实现项目投资目标而对工程建设活动中的投资进行的规划、控制和管理活动。投资控制主要是为了在工程建设期间，按照计划进行动态控制，使得实际发生的投资金额全部控制预期范围之内，以实现建设项目投资目标最大化。

建设项目投资控制主要由两个工作过程组成，包括建设项目投资的计划过程和建设项目投资的控制过程。这两个工作过程的关系是并行的、各有侧重、相互影响、密切联系的，在建设项目的前期主要以投资计划为主，在实施中后期主要以投资控制为主。

建设项目投资，一般来说是指工程建设花费的所有费用，主要包括以下几个方面：

（1）建筑安装工程费。此项费用指为建造永久性建筑物和构筑物需要的费用。

（2）设备及工器具购置费。此项费用包括设备购置费、工具器具及家具购置的费用。

（3）工程建设其他费。此项费用是指除了设备及工器具购置费、建筑安装工程费外，必须花费的其他费用，主要由工程咨询费、土地使用费、工程招标费、工程质量监督检测费等费用组成。

（4）建设期利息。此项费用指项目借款在建设期内发生并计入固定资产价值的利息。

（5）不计土地使用费。一般来说，建设项目的建筑安装工程费会占整个投资总额的 90% 左右，工程建设其他费一般以建筑安装工程费和设备及工器具购置费之和为基数计取。

二、工程项目投资控制的方法

工程项目投资控制的基本方法是规定承包单位按照一定的期限把相关费用的使用情况报告给上级，再由监理工程师对上报的情况进行审查、核对，然后把已经发生的费用与之前的预期费用作比较，看看是否超过了预算，如果是，则采取相应的措施加以弥补。

工程项目投资控制方法包含以下两种：

（1）分析和预测项目影响要素的变动与项目成本发展变化趋势的项目投资控制方法。

（2）控制各种要素变动实现项目投资控制目标的方法。

（一）投资控制改变系统

工程项目投资控制改变系统通常是说明费用基线被改变的基本步骤。它是由跟踪系统、调整系统和文书工作组成。费用的改变应协调其他控制系统，相互配合。

（二）实施的度量

实施的度量主要用于研究各种变化因素的产生原因。净值分析法是一种最常见的方法，它主要用于控制工程项目费用使用，而且能起到很好的效果。确定导致误差的原因以及弥补、纠正出现的误差是工程项目投资控制的重要工作。

（三）费用计划补充内容

在工程项目进行时都希望按照预期的计划发展，但是这只是理想状态，一般来说，很少有项目是按照计划进行的，在实施过程中会出现各种突发事件，这就要求在施工过程中对项目的费用做出修改或调整，及时提出费用计划补充内容，形成新的费用计划。新的费用计划既不同于原来的费用计划，又不同于实际费用开支。在投资控制过程中，必须用实际费用和新预算费用作比较，才能获得项目费用的真实信息。而这个新的费用计划并不是一成不变的，而是随着工程的进程加以改变的，是处于不断更新的状态，所以投资控制必须一直跟踪最新的计划。

（四）计算工具

工程项目投资控制要依靠相关的项目管理软件和电子表格软件来跟踪计划费用、实际费用和预测费用改变的影响。

第二节　建筑工程全过程阶段的投资控制

一、投资决策阶段的投资控制

投资决策是指投资者为了预期目标的实现，依靠科学的方法，在众多的方案中选择最佳的可行性方案，从而实现经济利益最大化。项目的投资决策应把利益作为投资主体的出发点，根据客观条件和投资项目的特点，在了解了有关信息的基础上，结合一定的科学方法，遵循一定的标准和程序，对投资项目做出选择。

（一）投资决策的基本要素

建设项目投资决策体系的构成要素涉及许多内外部因素，主要包括以下基本要素。

1. 决策主体

决策主体是由个体或群体组成的具有智能性和能动性的主体系统，其包括个人、集体、组织、机构等形式。建设工程项目投资决策主体是建设项目投资主体，也就是所说的投资人，投资人可以通过聘请的方式，雇佣一些有经验的、具有相应资质的项目管理公司代为负责工程项目进行过程中的一些工作，如前期策划、编制项目建议书等工作。

2. 决策目标

决策目标顾名思义就是指所要达到的目标。目标能为决策行为提供方向，只有明确了目标，才能为决策行为提供明确方向；只在目标划分合理的前提下，才能保证目标的制定具有针对性。确定决策目标，也就确定了投资预期目标，进而指明了投资方向、投资结构、投资规模、未来投资成本效益的评估标准，为投资决策奠定良好的基础。

3. 决策信息

决策信息指有关决策对象规律、性能、所处环境等各方面的知识、消息。信息在整个项目实施过程中都是非常重要的，尤其是在决策阶段，信息是非常重要的，正确而充分的信息是科学决策的前提和保障。

4. 决策理论和方法

决策理论和方法主要用于指导和帮助决策主体处理决策信息，任何决策实践都必须有正确的指导，即决策理论和方法。

5. 决策程序

投资决策程序就是在投资决策过程中，各个环节的工作都要按照其自身运动规律的先后顺序进行，它是通过实践不断总结经验并深化客观事物规律的基础上制定出来的，这样才能有效避免决策的主观性和盲目性，从而达到理想的决策效果。

对于一般项目来说，决策过程包括投资机会研究阶段、编制项目建议书阶段、可行性研究阶段、项目评价阶段和项目决策审批阶段。关于比较重要的项目决策，可以增加一些必要性评价以及决策审查等环节，这样就能使项目的决策更具科学性。

投资机会研究是项目的开始，是在市场调查、分析和信息捕捉的基础上完成的初步构想，该阶段最重要的工作就是确定合理的投资规模；前期决策的核心工作是确定项目是否具有可行性，其主要工作内容是论证和评估，它建立在对市场和项目特性考查的基础上，对项目进行技术分析和财务分析，并对项目的经济效益、环境效益、社会效益进行评估；前期决策的关键内容主要包括投资估算的编制和审查工作。

(二) 工程项目决策阶段投资控制流程

1. 决策阶段投资控制的含义

决策阶段的投资控制包括以下两种含义：

(1) 对项目建设前期确定的工程投资规模进行控制。工程投资规模是由建设方案、建设标准、对建设期宏观经济环境的预测等综合因素决定的，是按照工程项目建设目标进行整体优化的结果。

(2) 对决策阶段本身发生的成本进行控制。出于科学决策有利的原则，对实地调查、科学研究、决策咨询等方面的费用进行投入，这里主要是指第一层含义。

2. 决策阶段投资控制的流程

根据重大工程项目决策的主要步骤绘制决策阶段投资控制的流程图，如图5-1所示。

针对大中型项目，在决策过程中可以在一定程度上增加反馈环节，让有经验的专家或有资质的咨询机构进行独立评审，进而提高项目决策的科学性。

二、设计阶段的投资控制

(一) 工程设计和设计阶段投资控制

在建设程序中工程设计是重要环节，工程设计是指在批准了可行性研究后，

图 5-1　决策阶段投资决策流程

根据设计任务书，完成拟建项目的技术、经济要求、安装及设备制造所需的规划、图纸、数据等技术文件的工作。一般民用和公用建筑设计分为三个阶段：初步设计和施工图设计这两个阶段。对于技术上相对复杂，但是又缺乏设计经验的项目，分初步设计、技术设计和施工图设计这三个阶段。

设计工作程序是指设计工作要按照一定的先后顺序进行，包括设计准备阶段、初步方案阶段、初步设计阶段、技术设计阶段、施工图设计阶段、设计交底和配合施工阶段。

设计阶段的投资控制，简单地说就是能够策划出比较科学合理的设计任务书要求，而且造价控制在投资决策的设计范围内。具体来说是指在设计阶段，工程经济人员和工程设计人员相互协作，应用一系列科学的方法和手段对设计方案进行选择，并进行优化，保证把技术与经济的对立统一关系处理得科学合理，进而主动影响工程投资，以实现有效控制工程项目投资的目的。

（二）设计阶段投资控制的内容和程序

建设项目设计各个工作阶段投资控制的内容有所不同。设计阶段投资控制的主要工作内容和程序如下。

1. 设计准备阶段

设计准备阶段的工作内容主要有以下几方面：

（1）设计人员与造价咨询人员要时时沟通、密切协作，通过分析项目建议书和可行性研究报告内容，在了解业主方对设计的总体思路的基础上，考虑项目利益相关者的要求。

（2）设计单位或个人在动手设计之前，要充分考察外部条件和客观情况，如地形、气候等自然条件，交通、水、气、电等基础设施状况，城市规划对建筑物的要求。

（3）还要考虑工程已具备的各项使用要求，即：工程经济估算的依据，业主所能够提供的资金、施工技术、施工材料、施工装备等，以及可能对工程产生影响的其他客观因素等。

2. 方案设计阶段

在初步方案设计阶段，个人或设计单位和造价咨询人员通过分析工程与周围环境之间的关系，规划工程项目的主要内容，并做出合理安排。在此过程中，个人或设计单位要结合项目利益相关者对建设项目的要求，协调好建设项目工程和周围环境的关系，使二者更加协调、更加相容。工程造价人员应做出各专业详尽的建安工程造价估算书。

3. 初步设计阶段

初步设计阶段是一个关键性阶段，也是整个设计构思基本形成的阶段。初步设计阶段需要解决：

（1）明确拟建工程和规定期限内进行建设的技术可行性和经济合理性。

（2）规定主要技术方案、工程总造价和主要技术经济指标，实现人力、物力和财力合理配置。

（3）在这一阶段，造价人员应编制设计概算。对于那些对造价影响较大的技术环节，造价人员应从技术、经济角度出发参与决策，设计人员应准备多套技术方案，综合考虑选取最合理的方案。

4. 技术设计阶段

这一阶段是初步设计的具体化，同时也是各种技术问题的定案阶段。技术设计比初步设计阶段更需要详细的勘察资料和技术经济计算，并对一些问题和疏漏之处加以补充修正。为了最大程度上符合设计方案中重大技术问题和有关实验、设备选择等方面的要求，技术设计应该更加详细，使建设项目建设材料采购清单一目了然，这样能够保证建设项目采购过程顺利进行。在这一阶段，工程造价人员应根据技术设计的图纸和说明书及概算定额编制技术设计修正总概算。

5. 施工图设计阶段

该阶段是连接设计工作和施工工作的重要环节。具体包括建设项目各部分工程的详图和零部件、结构件明细表以及验收标准、方法等。施工图设计的深度应能满足设备材料的选择与确定、非标准设备的设计与加工制作、施工图预算的编制、建筑工程施工和安装的要求。此阶段，设计人员和技术人员要站在技术、经济的角度，共同商讨，反复论证，最终完成施工图设计，编制施工图预算。

6. 设计交底和配合施工

施工图发出后，要根据现实需要，指派专业人士到现场，与建设单位、施工单位等共同会审施工图，进行技术交流，对设计意图和技术要求做出解释和说明，对图纸上的一些错误的、疏漏的地方进行修改和完善。专业人员需要参与到试运转和竣工验收过程中去，对试运转过程中的一些问题做出及时修改，并检验设计的正误和完善程度。

对于大型复杂和大、中型的民用建设工程项目，应该派遣现场设计代表到现场配合施工并参加隐蔽工程验收。

三、招投标阶段的投资控制

（一）项目施工招标及程序

建设项目招标是指招标人（发包单位）在发包工程项目之前，依照公布的招标条件，公开或者邀请招标人前来投标（前提条件是这些前来投标的人必须接受招标要求），最后选择最优投标人的一种交易行为。

根据《中华人民共和国招标投标法》的规定，必须实行招标的项目为：

（1）大型基础设施、公用事业等关系社会公共利益、公众安全的建设项目。

（2）全部或部分使用国有资金或国家融资的建设项目。

（3）使用国际组织或者外国政府贷款、援助资金的项目。

上述规定范围内的各种工程建设项目包括项目的勘察、设计、施工、监理以及与工程建设有关的重要设备、材料等的采购，达到下列标准之一者，必须进行招标：

（1）单项合同估算价在 200 万元人民币以上的项目。

（2）重要设备、材料等货物的采购，单项合同估算价在 100 万元人民币以上的。

（3）勘察、设计、监理等服务的采购，单项合同估算价在 50 万元人民币以上的项目。

（4）单项合同估算价低于前 3 项规定的标准，但项目总投资在 3000 万元人民币以上的项目。

1. 建设项目招标方式

建设项目招标方式一般采用以下两种方式进行：

（1）公开招标。公开招标也叫竞争性招标，是指招标人通过发布招标公告，吸引投标人参加施工招标的投标竞争，招标人选取最优的中标单位的招标方式。按照竞争程度，可划分为国内竞争性招标和国际竞争性招标。

（2）邀请招标。邀请招标也叫选择性竞争招标或有限竞争性招标，是指由招标单位首先选择一定数量的企业，然后向这些目标企业发投标邀请书，邀请他们参加招标竞争。一般来说，邀请 3~10 个投标人参加比较合适，但是实际数量要根据实际情况而定。

相比于公开招标，邀请招标具有缩短招标有效期、节约招标费用、提高投标人的中标机会等优点。但是这种招标还具有一定的缺点，如中标价可能会比公开招标的价格高，可能会排除许多更有竞争力的企业。

2. 建设项目施工招标程序划分

施工招投标包括业主的招标行为和承包商的投标行为。这两个方面相互联系、相互协作。工程招标需要专业技巧和经验作保障。在建设工程投资控制及风险的分担上，工程招标过程扮演着非常重要的角色。

（二）施工招标阶段投资控制的关键环节

建设工程项目招投标的实质是"买方"与"卖方"的一种期货交易方式。通过实践分析得出，在工程项目建设过程中承发包阶段是一个举足轻重的环节，招投标的进行关系着建设工程项目的投资情况。业主在此阶段对投资控制的主要任务体现包括以下几点。

1. 重视招标文件的编制与审核

招标文件是选择施工单位、确立工程合同造价的纲领性文件，建设工程招标文件既是招标单位与未来中标单位签订工程承包合同的基础，也是投标单位编制投标文件的依据，同时也是招标阶段投资控制的原则性文件，对整个招标工作以及承发包双方都有一定的约束作用。招标文件的编制与审核非常重要，应尽量使招标文件全面、规范，避免产生歧义，引起不必要的麻烦，尽可能提供一份全面、准确的工程量清单，尽量让暂定数量及项目降到最少，并且图纸及工程规范中涉及的内容应尽量在工程量清单中得到完整反映，使实施过程中的变更风险降到最低。

2. 加强评标环节的投资控制

加强评标环节的投资控制，把合理编制的标底低为基本，在大量的投标单位中选出最佳投标人负责项目的实施，以保证投资额控制的有效性。

3. 选择和确定合理的合同类型

选择和确定合理的合同类型以及计价方式，以减少合同过程中的纠纷，合理规避风险，有效控制项目投资。

四、施工阶段的投资控制

（一）资金使用计划的编制和控制

1. 施工组织设计

施工组织设计是关系到施工阶段资金使用计划的直接影响因素，其任务是实现建设计划和实际要求，施工过程控制的依据是对整个工程施工选择科学的施工方案和合理安排施工进度，这也是施工阶段资金使用计划编制的依据之一。施工组织设计能够协调施工单位之间、单项工程之间，资源使用时间和资金投入时间之间的关系，这样能够保证质量、保证按时完成，同时也能有效控制资金的投入。施工组织规划设计、总设计，单位工程和分项工程施工组织设计构成施工组织设计过程。施工组织总设计是指要把控全局，从整体的角度出发，对一些薄弱环节和关键环节重点关注，对工程中的重点和难点实时跟进和把控，在考虑资金投入、需求和控制的同时，考虑施工总进度的合理安排，确保施工的顺利进行。

2. 资金控制目标

在确定施工阶段资金控制目标时要分析工程特点，这样才能更加有效地确定施工程序和进度，对施工能够进行科学选择，优化人力资源管理。为了实现资金的合理应用以及有效进行目标的控制，应采用先进的施工技术、方法与手段，这有利于工程项目的顺利进行。资金使用目标的确定既要按照施工进度计划的细化与分解，将资金使用计划和实际工程进度调整有机地结合起来，又要考虑资金来源（如政府拨款、金融机构贷款、合作单位相关资金和自有资金）的实现方式和时间限制。施工总进度计划涉及面广、要求严格，其基本要求是：能够保证预期的工程能够在规定的时间内按质按量完成，尽量使工程造价降低，节约施工费用。总进度计划的相关因素包括建设总工期、单位工程工期、项目工程量、施工程序与条件、资金来源以及资金需要与供给的能力与条件。总进度计划为编制资源需要与调度计划以及确定资金使用计划与控制目标等提供依据。

3. 风险因素

在确定施工阶段资金使用计划时，应该考虑施工阶段出现的各种风险因素对资金使用计划的影响在内。比如建筑材料价格变化、建筑材料价格变化、施工条件变化、不可抗力自然灾害以及多方面因素造成实际工期变化等。所以，需要在资金使用计划过程中考虑计划工期与实际工期、计划投资与实际投资、资金供给与资金调度的关系。

4. 资金使用计划的编制方法

施工阶段资金使用计划的编制方法，主要有以下几种：

（1）按不同子项目编制资金使用计划。一般来说，单位工程总是由若干个分部分项工程组成，多个单位工程组成单项工程，多个单项工程组成大型工程。按不同子项目划分资金的使用情况，为了使资金得到合理分配，这就要求必须合理划分工程项目，这种合理划分需要根据实际情况确定。在实际的工程实施过程中，总投资目标按项目分解只能分到单项工程或单位工程，如果再进一步分解投资目标，就不太容易使分目标的可靠性得到保障。

（2）按时间进度编制的资金使用计划。建设项目的投资总是分阶段、分期支出的，资金的安排关系着资金能否使用合理。为了编制资金使用计划，并以此为依据筹集资金，尽量节约资金，减少资支出，将总投资目标按使用时间进行分解是十分必要的，应以此来确定分目标值。

一般来说，可以根据项目进度网络图进一步扩充后得到按时间进度编制的资金使用计划。利用网络图控制投资，即要求在拟定工程项目的执行计划时，一方面确定从工程项目开始到竣工所需要的时间，另一方面确定完成工程项目合理的支出预算。

资金使用计划也可以采用 S 形曲线与香蕉图的形式，其对应数据的产生依据是施工计划网络图中时间参数（工序最早开工时间、工序最早完工时间、工序最迟开工时间、工序最迟完工时间、关键工序、关键路线、计划总工期）的计算结果与对应阶段资金使用要求。

根据网络计划可以计算各项活动的最早及最迟开工时间，进而得到项目进度计划的甘特图。在甘特图的基础上，可根据时间进度划分编制投资支出预算，在此基础上绘制时间-投资累计曲线（S 形图线）。时间-投资累计曲线的绘制步骤如下：

1）确定工程进度计划，编制进度计划的甘特图。

2）根据每单位时间内完成的实物工程量或投入的人力、物力和财力，计算单位时间（月或旬）的投资。

3）计算规定时间 t 计划累计完成的投资额，其计算方法为各单位时间计划完成的投资额累加求和，可按下式计算：

$$Q_t = \sum_{n=1}^{t} q_n \tag{5-1}$$

式中　Q_t——某时间 t 计划累计完成投资额；

　　　q_n——单位时间内的计划完成投资额；

　　　t——规定的计划时间。

按各规定时间的 Q 值绘制 S 形曲线，结果如图 5-2 所示。

图 5-2　时间-投资累计曲线（S 曲线）

　　每一个工程进度计划都对应某一条特定的S形曲线。进度计划的非关键路线中存在许多有时差的工序或工作，所以，S形曲线（投资计划值曲线）一定包括在由全部活动都按最迟开工时间以及最早开工时间开始的曲线所组成的"香蕉图"内（见图5-3）。建设单位为了实现建设资金的合理安排，可按照编制的投资支出预算来确定，与此同时，也可以按照筹措的工程资金对S形曲线进行适当调整，以达到最佳，即通过调整非关键路线上的工序项目最迟最早或开工时间，尽量在预算的范围内实现对投资支出的把控。

　　按照常理来说，为了减少工程费用贷款利息，所有活动都应按最迟时间开始，但是这样一来就会产生一个缺点，即不能保证工程的竣工时间，所以，对投资支出预算须做出合理确定，以实现既控制项目工期，又节约投资支出的目的。

图 5-3　投资计划值的香蕉图

（二）工程变更款的确定

1. 工程变更的定义

　　业主、代表业主的工程师（监理工程师）和承包商由于实施工程项目的复杂性、长期性和动态性，都无法在工程项目的工程设计、招投标和签订施工合同时就对施工阶段一切可能出现的问题进行精准的预测，也不可能拟定详细的计划来应对这些问题所带来的后续效应。所以，工程变更在工程项目（尤其是大型工程项目）施工过程中经常出现。工程变更会极大地破坏合同价格与合同工期，但是如果工程变更是成功的，就会对项目工期和投资目标的完成具有巨大的推动作用。业主、设计单位、承包商和监理单位等很多因素都会造成工程变更的发生。一旦出现工程变更，无论这个变更由哪方提出或由何种原因引发，此工程的施工进度、工程质量、投资控制和各方面关系的协调都会发生改变。

　　对工程变更进行准确的界定非常困难，这是因为它所涵盖的领域非常宽泛。本书认为，工程变更是指由于支撑原合同状态的条件发生变动，造成在合同实施过程中必须对原合同文件进行修正与补充。保障工程实施顺畅是工程变更的基本目标，而修改与调整原合同价格和工期等内容是实现上述目标的主要措施。

2. 工程变更的分类

相较于项目招标投标时的状况，项目实施过程中的实际状况会出现部分改变，这是因为项目的工期一般都较长，与其有关的经济关系与法律关系比较繁杂，并且自然条件与客观原因也对其有很大的制约作用。因此，工程施工的现实状况与工程招标投标时的状况相较通常会发生部分改变。工程量变更、工程项目的变更（如发包人提出增加或者删减原项目内容）、进度计划的变更、施工条件的变更等都是工程变更涵盖的主要内容。根据变更产生的原因对工程变更进行分类，包括多种类型，比如发包人的变更（如针对工程发包人提出了新的要求，针对项目计划发包人进行了修正，针对预算发包人进行了削减，针对项目进度发包人提出了新的要求等）；因为设计出现差错，必须修正原图纸；施工环境发生改变；因为新知识与新技术的出现，必须对原设计、实施方案或实施计划进行调整；针对此工程项目。法律法规或政府部门做出了新的规定。当然，这种划分方式并不严谨，导致变更的各种因素也可以是相互融合的。变更设计是上述变更的主要表现形式。由于我国强调必须严格按图设计，因此，假如变更对原设计造成了影响，就必须优先对原设计进行更改。鉴于在工程变更过程中，设计变更处于重要地位，工程变更通常划分为以下两种类型：

（1）设计变更。如果在施工过程中出现设计变更，施工进度就会受到很大干扰。所以，必须尽可能降低变更设计的频率，假如不得不更改设计，就必须在更改过程中认真执行国家的规定与合同约定。合同款项的加减和承包人的损失如果是由发包人变更原设计，以及工程师同意、承包人要求进行的设计变更造成的，那么发包人必须承担责任，耽搁的工期也应该相应延长。

（2）其他变更。在合同实施的过程中，发包人提出变更工程质量标准的要求以及出现其他根本性变更，合同双方应该协商解决。

3. FIDIC合同条件下的工程变更

在FIDIC合同条件下，业主给出的设计通常都比较简陋，一些设计（施工图）是由承包商完成的，所以，相较于我国施工合同条件下的施工变更，其设计变更要更少。

A　工程变更的范畴

因为工程变更被划为合同履行过程中的正常管理工作的范畴，工程师能够在认为必要时按照工程的实际进度就下列几个方面发布变更指令，即：

（1）变更合同中任何工作工程量。因为招标文件中的工程量清单中登记的工程量是按照初步设计进行估算的，而其主要作用是为了承包人在对投标书进行编制的过程中合理组织设计施工及报价，因此实际工程量在项目施工的过程中可能会不符合计划值。为达到合同管理便利的目的，合同双方必须在专用条款中进行以下约定：如果工程量发生很大改变，单价的百分比应该进行修正（根据工程实际状况，可在15%～25%范围内确定）。

（2）变更所有工作质量或其他特性。比如对不属于强制性标准的其他质量标准进行提升或降低。

（3）变更工程任何部分标高、位置和尺寸。上述几方面的变更一定会对工程量的增减造成影响，所以也包含在工程变更的范畴之中。

（4）对一切涉及合同约定的工作内容进行删减。只有不再需要的工程，才能进行删除，严格禁止把承包范围内的工作通过变更指令的方法交由其他承包商实施。

（5）按单独合同对待新增工程。所有联合竣工检验、钻孔和其他检验以及勘察工作都属于永久工程在实施过程中所需要的所有附属工作、永久设备、材料供应或其他服务的范畴。这种变更指令补充的新的工作内容必须在性质与范围上与合同工作相同，并且不能运用变更指令的方法命令承包商在新增工程施工的过程中使用超过他目前正在使用或计划使用的施工设备。除了承包商对此项工作按变更对待持赞成态度，否则通常按照一个单独合同的形式来对待新增工程。

（6）对原先的施工顺序或时间安排进行调整。此类调整的原因一方面可能是工程量与工作内容的增加，另一方面可能是为了对多个承包人施工的干扰进行协调，因此工程师发布变更指示。

B　变更程序

工程师在工程接收证书公布前的一切时间都能够运用发布变更指示或要求承包商呈交建议书的方法提出变更。指示变更是指在业主授权范围内，工程师按照施工现场的实际状况，在确实需要时有权发布变更指示。细致的变更内容、工程量的变更、项目的施工技术要求与相关部门文件图纸的变更，以及处理的原则的变更是指示涵盖的主要内容。要求承包商呈交建议书后再明确的变更的步骤包括以下几个方面：

（1）工程师告知承包商计划变更事项，并且要求承包商呈交建议书。

（2）承包商要在最短的时间内做出回复。这里可能出现两种状况，一种是因为部分不属于自身因素的制约，通知工程师不能执行这一变更，比如变更需要的物质不能及时到位等，工程师必须在现实状况与工程的需要的基础上重复告知承包商取消、确认或更改指示。另一种是按照工程师的要求，承包商呈交变更的说明，这个说明涵盖即将进行的工作的说明书和此工作实施的进度计划；在合同规定的基础上，承包商对进度计划与项目完成时间提出需要变更的建议，要求延长工期；承包商建议对估价进行变更，并要求变更费用。工程师决定是否能够进行变更，并在最短的时间内告知给承包商批准与否，或提出建议。

（3）在等待告知的时段内，承包商必须保证工作的进度。在发布任何一项实施变更指示的同时，工程师必须要求承包商详细编列支出的费用。工程师只是将承包商呈交的变更建议书当作判断能否进行变更的参照。基本上任何变更在估价与支付的过程中都必须以计量工程量为基础，当然，工程师做出指示或批准通过总价方式进行支出的状况例外。

C　工程变更计价

工程变更计价包括：

（1）对估价的原则进行变更。依据工程师的变更要求，承包商进行工作变更后，通常会遇到对变更工程的成本进行评估的问题。合同当事人在协商时也一般聚焦在变更工程的价格或费率上。对变更工程采用的费率或价格进行计算，包括以下几种情况。在工程量表中有与变更工作内容相同的工作的单价或价格，必须根据此单价对变更工程费用进行计算。如果工程施工组织与施工方法在变更工作实施过程中没有出现根本性变化，就不能对此项目的单价进行更改。虽然在工程量表中编列了与变更工作内容相同的工作的单价或价格，但是工程量表中的单价或价格与变更工作明显不契合，这时，必须根据原先的单价或价格对当前的单价或价格进行重新拟定。如果在工程量表中没有编列与变更工作内容相同的工作的单价或价格，就必须在遵循与合同单价水平相同这一准则的基础上，对单价或价格进行重新制定。双方都不能借故在工程量表中没有该项价格的理由，过分地提高或降低变更工作的单价。

（2）能够对合同工作单价进行调整的情况。要想调整某一项工作规定的单价或价格，一般应具备下列几个条件：相较于工程量表或其他报表中规定的工程量，该项工作实际测量的工程量的调整幅度超过10%。

（3）工程量的变更与对该项工作规定的具体单价的乘积大于接受的合同款额的0.01%。此项工作由于该工程量的变更，每单位工程量费用的变动超过1%。

（4）删减原定工作后对承包商的补偿。承包商在工程师发布删减工作的变更指示后，不再对个别工程进行施工，这没有侵害合同价款中涵盖的直接费部分，然而承包商无法合理回收摊销在此部分的间接费、税金和利润。基于此，承包商可以根据自身的利益受损状况向工程师发出通知，并呈交详细的证明资料，与合同当事人进行沟通后，工程师可以在合同价内增加一部分经计算后确定的补偿金额。

D　承包商申请的变更

承包商可以以工程施工的实际情况为依据，向工程师提出关于合同内每个项目或工作的具体变更请求报告。承包商在没有获得工程师批准时，不能私自进行更改，如果取得工程师的批准，应依照工程师发布的变更指示程序执行。其包括：

（1）承包商提出变更建议。承包商能够随时将有关的书面建议提交给工程师。承包商认为如果自身建议得到批准，就会产生下列几种情形：

1）施工进度加快；

2）业主实施、维护或运行工程的成本下降；

3）工程完工的效率或价值提升；

4）业主可以获得其他利益。

（2）承包商在对该类建议书进行编制时须采用自费方式。假如获得工程师准许的承包商建议改变部分永久工程的设计，通用条件的条款规定，假如合同当事人没有签订其他协议，此部分工程的设计应由承包商承担。如果承包商没有设计资质，也可以分包给具备资质的相关单位。变更的设计工作应按合同规定的承包商负责设计的规定执行，具体包含下列几个方面：

1）承包商必须依据合同中所列的程序将此部分工程的承包商的文件上交给工程师。

2）承包商的文件应该与规范和图纸的要求相符；承包商必须承担此部分工程，并且竣工的此部分工程必须与合同中规定的工程的预计目标相一致。

3）承包商必须在竣工检验之前，根据规范规定将竣工文件、操作和维修手册呈交给工程师。

（3）接受变更建议的估价。假如该变更降低了此部分工程的合同价值，工程师必须在合同价格中加入其与承包商协商或确定的一笔费用。这笔费用必须在下列金额差额中占据 50%，降低合同价导致合同价值的降低。没有涉及的按照后续法规改变做出的变更和因物价浮动进行的变更，以及变更给使用功能造成的影响，鉴于质量、预期寿命或运行效率的下降，就业主来说已变更工作价值上的降低（如果有）。如果工程功能的价值下降幅度超过业主从合同价格降低中获得的利益，此笔奖励费用就不应发放。

五、竣工阶段的决算审计与控制

建设项目竣工决算是指承建单位完成所有建设项目之后，根据国家有关规定在建设项目竣工验收阶段编制的竣工决算报告。竣工决算是指承建单位通过运用货币指标与实物数量这两个计量单位，对完工项目从筹备到竣工交付使用的整个过程中所有的建设费用支出、建设成果和财务情况进行综合反映的总结性文件。它是竣工验收报告的重要内容。竣工决算不仅能够推动对新增固定资产价值进行精确核算，对投资效果进行考核分析，对经济责任制进行构建，还能够体现建设项目实际造价和投资效果。

根据财政部、国家发改委和建设部的有关文件规定，竣工财务决算说明书、竣工财务决算报表、工程竣工图与工程竣工造价对比分析共同构成竣工决算的总体框架。其中竣工财务决算说明书、竣工财务决算报表统称为建设项目竣工财务决算，在竣工决算中处于核心位置。

（一）竣工决算说明书

竣工决算说明书是工程建设成绩和经验的体现，是剖析与补充说明竣工决算报表的文件，其以书面的形式对工程投资与造价的考核与研究进行总结，主要包括以下几个方面：

（1）建设项目概况、对工程总的评价。通常研究说明的出发点是进度、质量、安全和造价、施工等。进度方面包括：对开始和完工日期进行明确，参照合理工期和要求工期，以及对提前或者延长工期进行分析；质量方面包括：以竣工验收委员会或质量监督部门的验收为依据，对等级、合格率和优良率进行评定；安全方面包括在劳动工资和施工部门的记录的基础上说明有无设备和人身事故；造价方面包括：参照概算造价，通过金额和百分比的形式对工程费用节约还是超支进行解释。

（2）分析资金来源及运用等财务方面的信息。核算工程价款、处置会计账务、财产物资状况与债权债务的偿还状况是其主要内容。

（3）基本建设收入、投资包干结余、竣工结余资金的上交分配情况。通过研究基本建设投资包干情况，对投资包干数、实际支用数和节约额、投资包干结余的有机构成和包干结余的分配情况进行说明。

（4）研究各项经济技术指标。以实际投资完成额与概算执行情况为依据进行对比研究；研究新增生产能力的效果，对在总投资额中支付使用财产所占的比例进行说明；在投资总额中，固定资产造价所占的比例不提升，对其有机构成与结果进行研究。

（5）财务管理工作，竣工财务决算以及工程建设的经验、项目中存在的一些亟须解决的症结。

（6）应该进行解释的其他事项。

（二）竣工财务决算报表

大、中型建设项目竣工决算报表包括财务决算审批表、项目概况表、财务决算表和交付使用资产总表及资产明细表。

小型建设项目竣工财务决算报表包括财务决算审批表、决算总表和交付使用资产明细表。

建设工程竣工图体现了建设项目的实际情况，是关于工程的重要档案资料，在项目建设的过程中，施工单位应该认真做好施工记录、检验记录，对变更文件进行仔细整理，并按时做好竣工图，使竣工图的质量得到保障。

如果严格根据图纸进行施工，中间没有改动，可以由总包与分包单位将"竣工图"标志加盖在原施工图上，将其当成竣工图。

如果在项目施工时，原施工图虽然出现了普通的设计变更，但经过修正调整后仍然可以作为竣工图，可以继续使用，施工单位必须将修改部分标注在原施工图（应该是新蓝图）上，并将设计变更通知单与施工说明也附在其中，加盖"竣工图"标志之后，就成为竣工图。

如果变更了结构形式、施工工艺、平面布置等，应对原施工图进行重新绘制。将竣工图章加盖在每一张资料清单上。

对建设工程造价进行核查的依据是，仔细比较为了控制工程造价所采取的手段、效果及其动态的变化和总结经验教训批准的概算。在研究过程中，可以首先对整体项目的总概算进行比较，接着为了对竣工项目总造价是节约还是超支进行确定，应将建筑工程安装费、设备工器具费和其他工程费用与竣工决算表中所提供的实际数据和相关资料及批准的概预算指标、实际工程造价进行逐一比较分析，然后根据比较进行经验总结，找到节约与超支产生的缘由，并提出改善措施。

第三节　建筑工程进度计划控制

一、项目进度计划控制的概念

项目进度计划控制指的是为了实现完成进度计划的整体目标，在制定好项目进度计划之后的项目实施进程中，检验、比较、剖析、调整整体的施工进度状况。

在项目开展的进程中，应该参照项目进度计划对项目实施的实际进度时常进行必要的检查。如果实际进度符合计划进度要求，就证明项目开展的整体状况比较好，能够在期限内完成进度计划整体目标。如果实际进度与计划进度之间产生了偏差，工作人员就要对偏差出现的缘由以及接下来的工作项目进度计划整体目标的受影响状况进行评估，提出能够使问题得到解决的方法以及保证工程计划整体目标按进度实施的策略，并以上述方法与策略为依据调整原先的进度计划，让其与实际进度状况相符，并完成先前制定的进度计划整体目标。然后在完成整个项目之前，重复新一轮的检验、比较、剖析、调整，从而完成项目进度整体目标，甚至能够在保证项目工程质量与项目成本不变的基础上，提前完成整个项目。

二、项目进度计划的编制与实施

(一) 施工项目进度计划的编制

由于进度计划是进度控制的基础，因此，进度计划控制的初始阶段应对施工项目进度计划进行编制。编列一个与合同要求相符合、科学合理、能够达到最优效果的施工进度计划，必须以工程规划与施工项目进度的分解控制目标为依据。编列项目进度计划通常包括以下几个步骤。

1. 项目描述和项目分解

对项目的领域进行确认，同时，确定应该实施的一些具体工作，这些工作的目的是完成项目的可交付成果，并细化上述工作，使其变得能够控制，这样项目的分解就实现了。管理者应在这个过程中理清自己的思绪。项目能否分解得适当，取决于管理者对项目的理解程度。

2. 项目活动排序

时间少、任务重是工程建设过程中经常遇到的问题，这个时候最先要做的是，在盘根错节的工作中，找出活动的脉络，知道必须先做什么、后做什么，并对工作进行分类，比如可以同时做哪些工作，必须按照先后顺序做哪些工作等，项目进度计划与上述工作有着密切的联系。基于此，分解项目的工作完成之后，应对分解出来的各项活动之间的逻辑关系进行确认，系统设置与项目有关的各项活动的顺序，从而使各项工作之间的前后关系得到明确，并使项目活动的排序得到确认。这是一项极为重要的工作，因为进度计划在未来得到顺利实施的基础是工作的先后关系正确。通常系用人工的方式与计算机软件结合手工的方式分别对小型项目的活动的顺序与大型项目的活动顺序进行设置。

3. 项目活动时间的估计

制定项目计划的一项关键性、基础性工作是评估项目活动进行的时间，它与计算各项事务、各项工作的时间参数以及整个项目工程完工的总时间有着密切的联系。如果预估的项目需要的时间比较少，就会使整个项目工作变得急促被动；反之，如果预估的项目需要的时间太多，就会拉长项目工程的竣工期。与当前工作项目相似的工程项目的历史数据、经验和知识是评估项目活动进行时间的主要依据。项目限制条件对评估活动进行时间有着重要影响。例如项目在闹市区施工，就应该适度延长挖土方作业的时间，这是因为窄小的工作面和受到限制的运输时间影响了工作进度。与此同时，资源总量与资源能力也与活动持续时间的评估有着密切的联系。通常来讲，如果减少一半的工作人员，就会相应地增加1倍的工作时间。一位才走出大学校门的学生解决一件事情所需的时间肯定大大超过一位能力突出、资历深厚的项目主管解决此类事情所需的时间。

　　4. 制定项目进度计划

　　项目管理的基本方式包括对网络图或横道图进行绘制，对项目的周密计划进行制定，对各项工作的起止时间进行确认，而这些都要以项目活动的次序和预估的时间为依据。当前，网络计划技术是制定项目进度计划的主要方法，使用这种方法能够清楚体现项目各工作单元之间的相互关系，同时对调控项目执行过程中各工作之间的关系起到推动作用。

　　(二) 施工项目进度计划的实施

　　施行施工项目进度计划的过程与保证落实与执行进度计划的过程等同。只有协调好以下几项工作，才能使落实与执行进度计划得到有效保障。

　　1. 编制施工作业计划

　　将进度进化传达给施工班组需要借助作业计划，而确保进度计划实施的主要手段就是作业计划。在对施工进度计划进行编列的过程中，鉴于施工活动本身面临着诸多挑战，对施工时的情况不可能考虑得面面俱到，因而对后续施工活动中的所有细节也不可能一次性部署到位，所以施工进度计划不是很具体，进行工作任务的传达时也不能以其为根据。因此，应该要有短期的施工作业计划，它与当时的施工状况更加相符，同时也更加具有可操作性。施工作业计划指的是，为了使施工进度与上级规定的各项指标任务能够按计划完成，以施工组织设计和施工现场状况为依据，进行灵活部署、均衡调节的具体的执行计划。施工单位的计划任务、施工进度计划和施工现场状况相互统一，共同形成施工作业计划，其对上述 3 个部分进行协调，而且给予各个执行者任务，变成能为工作人员操作，直接对项目施工进行协调与引导的文件。

　　月作业计划与旬作业计划是施工作业计划的基本类型。施工作业计划通常涵盖下列内容：

　　(1) 对本月 (旬) 必须结束的施工任务和其施工进度进行确定。

　　(2) 以本月 (旬) 施工任务和其施工进度为依据，对此任务的资源需要量计划进行编制。

　　(3) 依据月 (旬) 作业计划当前的整体执行状况，采取对应的方法使劳动生产率提高，并使项目成本降低。

　　计划人员在编制作业计划的过程中，必须亲自进入施工现场，对项目施工的具体进度进行认真观察，并且应该到施工队组中，对施工人员的具体工作能力进行分析，对工程的设计要求进行研究，将主观因素与客观因素进行统一，广泛咨询相关施工队伍的建议，综合平衡，对与现场施工状况不符的计划进行修改，提出作业计划指标。最后，举行会议，把作业计划以施工任务书的形式传达到施工队组手中。

2. 下达施工任务书

施工任务书是将具体施工任务传达给施工队组的计划技术文件，与作业计划相较，施工任务书的表达形式更加简单明了，这是为了使施工人员容易对其进行了解与掌握。基于此，通常传达施工任务书的形式是表格，并且作业计划的全部指标在施工任务书中能够体现出来，因此，施工任务书的具体内容包括以下几项：

（1）施工队组必须承担的工程项目、工程量、工程项目的开工时间与完成时间以及施工日历进度表。

（2）工程项目顺利竣工所需的资源总量。

（3）项目完成所需的施工方法、技术组织措施以及工程质量、安全、节约措施的各项指标。

（4）记录单与登记卡，包括记工单与限额领料单等。

施工任务书不仅是对工程进行经济核算的单据，还是对施工队组进行表彰与处罚的基础。

3. 层层签订承包合同

项目施工的各个层级之间都应该相互签订承包合同，主要表现为施工项目经理与施工队及资源供应部门之间，施工队和作业班组之间签订工程承包合同，使工程任务和各方的权利、责任及利益相互对应，这些方法可使贯彻与执行施工计划获得有效保障。

4. 做好施工中的调度工作

施工调度是指在施工进程中陆续建立新的平衡，对正常的施工条件和施工步骤进行构建与维护的各项工作。对工程项目计划与工程合同落实状况进行检查与监督，对物质、设备和劳动力进行安排，对施工现场产生问题进行处置，对内外部的配合关系进行调和，进而贯彻执行工程项目各项计划指标，是施工调度的基本任务。

必须在施工项目经理部与各施工队设置由项目经理或施工队长直接领导的专职或兼职调度员。

为了使工程作业计划得以完成和进度目标得以实现，相关施工调度必须涵盖以下工作：

（1）对实施作业计划进行监督、对各方面的进度关系进行协调。

（2）对施工的各项准备工作进行监督。

（3）对资源单位的劳动力、施工机具、运输车辆、材料构配件的供应进行督促。

（4）通过各种调配措施解决项目施工中突然产生的问题。

（5）对施工现场进行管理时以施工平面图为基础，并依据实际情况调整施工进度，确保施工文明。

（6）对气候、水、电、气的整体状况进行把握，相关的防范与保障方法要及时到位。

（7）对施工中发生的事故和意外要早察觉、早处置。

（8）对工程施工中的短板进行调整，及时平衡材料、机具、人力之间的关系。

（9）定期举办现场调度会议，对施工项目主管人员的决议进行落实，宣告调度令。

三、项目进度控制

（一）项目进度控制的基本原理

项目进度控制是一个反复循环的动态过程。对工程进度定期进行查验、对项目的现实进度进行比较分析是实施项目进度计划的基本内容。当现实的施工进展和计划进度无法匹配时，就会形成超前与落后的偏差。这时必须对偏差出现的原因进行剖析，并运用切实可行的方法对原计划进行调整，在新的起点上使现实进度与计划进度实现契合。然后以调整后的进度计划为依据进行工程建设，并且将组织管理的功能尽可能发挥出来，按计划进行实际工作。新的偏差由于新的阻挠因素的出现而不断产生。进度控制就是这样一个反复查验、调解的动态循环过程。

项目进度控制活动根据不同的控制方式和方法可以划分为以下几类：

（1）根据事物的发展进程，能够划分为事前、事中以及事后控制。

（2）根据闭合回路能否构成，可划分为开环控制与闭环控制。

（3）按照调整方法与控制信息的由来，可划分为前馈控制与反馈控制。

主动控制与被动控制是控制活动的两个基本类型。主动控制即为了实现计划目标，控制部门和控制人员对实际完成的任务与计划目标产生偏差的可能性提前进行剖析，并根据这个前提制定与采取所有的预防性手段，它是一种面向未来的前馈式事前控制。被动控制即控制人员在系统根据计划运行的过程中，追踪计划实施的计划情况，加工、整理输出的项目信息，紧接着将这些信息通报给控制部门。让控制人员能够找出问题与差错，并对问题解决与差错纠正的计划进行确认，继而将方案反馈给实施系统付诸实施。当计划目标产生偏差时，就能立即被修正。被动控制是一种针对当前工作的反馈式事后控制。

被动控制与主动控制相比较，其自身存在着很多不足。然而，被动控制依然属于积极控制的范畴，同时在控制系统中占据着非常重要的地位，并且是一种使用非常频繁的控制方式。

主动控制与被动控制相互协调统一是工程项目进度管理过程中的必然要求，具体表现为，不仅应该进行前馈控制，而且应该进行反馈控制；不仅应该以事实上输出的项目信息为依据，而且应该以预测的项目信息为依据进行项目进度管理，并且使二者进行有机融合。

（二）项目进度控制的目标划分

为避免施工项目进度失去控制，应该对进度目标进行确认，并且根据项目的分解构建各层次的进度分目标，使上级目标对下级目标进行控制，下级目标为上级目标的实现奠定基础，从而使项目工程的整体目标最终得以完成。

1. 根据施工项目组成进行分解，对主要工程项目的开工日期进行明确

主要工程项目的进度目标反映了项目建设整体进度计划和工程项目年度计划。在工程项目阶段应该对主要工程项目的起止时间进行进一步确定，从而使工程项目整体进度目标的完成得到有效保障。

2. 根据工程项目阶段进行分解，对进度控制的里程碑进行明确

按照工程项目的特征，可以划分与其相关的施工项目阶段，并且任何一个阶段的开始与终止日期都具备清晰的里程碑。尤其是当各施工段分别属于不同的承包商时，更应该给它们进行时间分界点的划分，并将这些时间分界点作为形象进度的控制标志，从而使工程项目进度控制目标变得更加详尽。

3. 根据项目计划进行分解，对工程项目进行组织

根据年、季度、月（或旬）分解工程项目的进度控制目标，并通过施工实物工程量、货币工作量及形象进度进行表示，使监理工程师能够很容易对承包单位进度控制的条件进行明确。并且，工作人员能够按照此计划施行、监察、查验工程进度计划。如果计划期不长，那么进度目标就会显得比较详细，就能迅速追踪进度，修正进度偏差而运用的手段就会显得比较有用，并且能够对长期目标与短期目标、下级进度目标与总目标的关系进行有计划、有次序的融合，使项目的进度控制目标能够按时完成，并交付使用。

（三）项目进度控制的保证措施

组织措施、技术措施、合同措施、经济措施和信息管理措施等是进度控制主要措施。

1. 组织措施

组织措施包括：

（1）对项目管理班子中进度控制单位的人员、具体控制任务与管理职能分

工进行贯彻执行。

（2）根据项目结构、项目进展阶段、合同结构分解项目，并且对编码系统进行构建。

（3）对进度协调工作制度进行明确，涵盖对会议开始的日期和与会人员进行协调等。

（4）剖析对完成进度目标形成干扰的风险因素。以基本的统计资料为依据，推算与预估各种因素对工程进度造成影响的概率和耽搁工程进度造成的耗损，并对进度影响较大的项目审批予以重视。

2. 技术措施

在工程项目质量得到确保的基础上，通过运用合理的技术手段使工程进度加快。审查、修改设计与图纸，选择施工方法、施工机械等都属于技术措施的范畴。

3. 合同措施

合同措施包括：

（1）合同工期及各阶段的进度目标应该在合同文件中加以确定。

（2）协调分标合同工期和整体进度计划之间的关系。

（3）当实际进度偏离计划进度时，必须对进度计划进行相应调整。如果工程延期的责任不属于承包商，那么经检查后对调整予以核准。然而如果工程延期的责任应该归咎于承包商，那么承包商必须对此负责，并督促承包商立即对进度进行调整，缩短工期延误的时间。

（4）根据合同规定，将施工设备和施工图纸提供给承包商，确保施工顺利。

（5）为了减少对后续项目施工的影响，应该尽快进行隐蔽及主要工程项目的阶段性验收。

4. 经济措施

经济措施包括：

（1）业主应该及时整理对工程项目的预付款。

（2）应该尽快签订月进度支付凭证。

（3）应该及时回应与解决承包商或业主的索赔请求。

5. 信息管理措施

在项目进行过程中与工程项目进度相关的信息进行搜集时，对落实计划进度的状况进行对比，按期将分析报告交到业主手中。当实际进度偏离计划进度时，必须运用各种手段对偏差进行修正。对计划进度的目标进行明确，对体现实际进度的信息和管理各种进度信息的措施予以收集是信息管理的要点所在。

第六章 建筑工程项目的采购与资源管理

采购是指从项目的组织外部获得某种产品或者服务的过程，在各种项目的实施中极其关键，是实现既定目标的重要一环，所有项目的实施都需要进行采购活动。资源管理也是建筑工程项目管理中的一个重要组成部分，是施工企业确保项目目标实现的重要手段。本章主要介绍建筑工程项目的采购管理、资源管理，以及建筑工程项目的采购与资源管理案例。

第一节 建筑工程项目的采购管理

一、工程项目采购

工程项目采购是指施工企业从项目的外部获取一定资源以实现项目目标的过程，是一种通过合同的方式有偿地获得工程施工与服务、货物供应的行为。

（一）工程项目采购方式

1. 招标采购

所谓招标采购指的是工程的采购方在采购前对其采购要求与条件等内容提前进行说明，以招标的方式邀请外部的众多其他企业进行投标，之后再根据相关的程序和标准从这些投标方进行择优选择，并和投标条件最有力的企业进行合作、签订协议的过程。整个招标的过程要坚持公正公开以及择优合作的原则。

2. 竞争性谈判

竞争性谈判是指工程项目的采购方根据相关的法律规定，直接邀请规定人数以上的资源供应单位通过谈判的方式进行采购的一种方式。

3. 单一来源采购

单一来源采购是指工程项目的采购单位直接向供应商购买某些货物或者服务的一种采购方式。

4. 询价采购

询价采购（通常所说的货比三家）是指工程项目的采购单位在对于几家不

同的供应商某一商品或者服务的报价进行对比的基础上进行采购的一种方式。其一般程序是组建询价小组、选择要进行询价的供应商、进行询价、确定要合作的供应商。该方式的适用范围较小，一般应用于以下情况：

（1）一些简单的、小型的土建工程的采购；

（2）现货的采购；

（3）价值较小的一些标准规格设备的采购。

5. 直接采购

直接采购是指采购单位直接和供应商签订合同，而不进行竞争的采购方式，这种方式主要适用于：

（1）已经授标而且签约、并开始采购了的项目，还需对于类似的货物或者工程量进行采购的情况。

（2）新增加的采购部件需要和已购的设备相配套或者标准一致，因此向原来已经达成协议的原有供货商增加采购的情况。

（3）需要进行采购的设备或者货物等的货源单一的情况。

（4）为了确保设计的质量或者实现某种性能，负责工艺设计的承包人要求采购方从某个供应商处来购买某些重要的部件。

（5）在一些特殊的情况下，如需要早日完工或者遇到一些不可抗拒的力量时，为了避免因为工程延误而造成更多的支出，采购单位可以采用这种采购方式。

（二）工程项目采购的原则

1. 公开透明原则

公开招标活动的一些相关信息要公开透明。工程项目的采购方式为公开招标的，招标单位需要将招标广告发布在国家指定的信息网络、报刊等公共媒介上，如果需要对投标方的资格进行预审，还需要在公共媒介上发布相应的公告；如果采用的是邀请招标，还需要给至少3个相应组织或者特定的法人发出邀请书。其中，公开透明原则包括：

（1）公开开标的程序。工程项目的采购方应该公开进行开标，所有进行投标的单位或者代表都能参加。

（2）公开评标的程序与标准。工程项目的采购方应该在给所有投标单位的招标文件中标注清楚评标的具体程序与标准。

（3）公开中标的结果。招标单位应该以书面通知书的形式告知中标单位，而且也要将中标的结果向其他没有中标的单位进行公开。

2. 公平竞争原则

公平竞争原则是指招标方对待所有的投标方要坚持公平的原则，使其拥有平等的竞争机会、享有相同的权利、履行同等的义务。具体而言，工程项目的招标方要在以下几个方面保证投标方的公平竞争：

（1）确保提供给所有潜在投标方的招标信息相同。

（2）确保每个投标方都能获得相同的对招标文件的解释与澄清。

（3）对于所有的投标方要有同等的投标的担保要求等。

（4）在采购活动中，招标方与投标方具有平等的地位，谁都不可以强行让对方接受自己的意志，不可以向对方提出一些不合理的要求。

3. 公正原则

公正原则指的是工程项目的招标方要严格地根据之前制定与公布的招标标准与程序来进行相关的活动。例如，招标方要尽量在招标的质量要求、技术方面对于所有的投标方采用通用的标准，不能倾向于某个特定投标方，如标明某一个特定的商标或者专利等。

同时，所有的投标方也必须要遵守相关的法律法规，不能进行不正当的竞争，如对工程项目的招标方以及该方的相关工作人员进行提供回扣或者行贿等行为。

4. 诚实信用原则

诚实信用是进行各项民事活动的一个基本原则。我国的一些基本法律，如民法通则、合同法等对于诚实信用原则都进行了相关的规定。招标投标的主要目的是招标方与投标方可以订立采购合同，也是一种重要的民事活动，因此，在具体实施的时候也需要坚持诚实信用原则。

具体而言，在招标投标活动中，诚实信用原则有以下要求：双方在行使权利或者享受相关义务的时候都要坚持诚实、守信的态度，进而使自己应该享有的利益能够得到保证，而且，当事人双方不可以使社会或者第三人的利益受到损害，不能进行一些故意泄露标底、串通中标等行为。

二、工程项目采购管理

（一）项目采购管理的工作程序

采购管理是指对于项目的物资采购的相关工作进行一系列计划、指挥、协调等管理活动。工程项目采购管理工作的具体程序如下：

1. 制定采购工作计划

项目采购管理工作的相关人员要根据工程项目的资源计划等信息对该项目的具体物资需求进行明确，进而需要明确项目物资的具体采购时间、产品类型、采购方式等信息，并且根据这些信息制定具体的、可操作性强的详细项目采购计划。

2. 选择采购方式

工程项目物资的采购可以通过多种方式，具体而言，选择采购方式的总体原则应有助于促进竞争的公开性与有效性。

3. 选择供应商

在进行工程项目采购的时候，相关人员首先要进行一定的市场调查，选择一些优质的产品或服务的供应商，并且建立相应的供应商名录。

4. 合同管理

合同管理工作具体指的是对和供应商的合作以及工程项目的资源供应进行相关管理的工作，其具体工作内容包括和选择的供应商间进行谈判、签订合同以及履行合同等。

5. 合同完结

合同完结是指在全部履行完项目采购的相关合同后或者合同因为某种原因中断后，进行采购结算、交接结算的过程。具体工作包括验收采购合同各项条款、办理采购结算和进行效益评价等。

（二）项目采购管理当事人的职能

1. 制定采购管理制度

采购管理制度是指为了使采购行为更加规范，采购部门根据自己企业的实际情况，对企业可能需要的资源进行综合考虑而制定一些相关的规章制度，从而使在具体的采购实践中可能存在的一些问题能够得到更好的处理。

2. 编制采购文件

工程项目的采购管理部门需要根据自身企业制定的发展计划以及具体项目的需要编制具体、详细的采购文件。一般而言，采购文件的内容主要包括：所需采购产品的类别、规格、等级、数量等基本信息，采购的具体技术标准以及专业标准，技术协议和检验原则以及质量要求，有部件编号的图纸、检验规程的名称、版本等，代码、标准及标识，采购的产品是不是有毒、有害产品，以及有无特殊采购要求。

3. 确定采购管理工作程序

在完成以上工作后，工程项目的采购管理部门为了使其管理活动更加规范，还应制定出完备的工作程序，主要包括：

（1）明确需要采购的产品或者服务的基本要求，并且要明确采购人员的具体分工以及应承担的责任。

（2）根据具体情况与实际需要编制合理的采购计划。

（3）通过市场调查，选择合适的供应商。

（4）项目采购的负责人要加强对合作供应商的选择和管理，根据企业自身的实际情况以及采购产品的要求对产品供应商进行合理的选择、评价以及管理。

（5）通过招标、协调等方式确定要合作的供应商。

（6）签订采购合同。

（7）对于采购的产品或者服务进行运输、验证以及移交，需要注意的是，要严格按照规定对采购的产品或者物资进行验证，坚决杜绝一切不合格的产品流入工程项目中。

（8）对于不合格的产品或者不符合要求的服务进行处置。

（9）将采购资料归档，加强对于产品质量资料、相关采购管理资料的管理。

三、项目采购计划

项目采购计划是指工程项目的采购部门根据具体的市场需求、企业自身的实际情况以及采购的环境容量等因素计划与确定具体的采购时间、数量、方式的作业，是一个项目采购管理人员确定需要采购什么样的产品或者服务来使项目需求得到最大满足的过程。项目采购计划是建筑企业制定年度计划的一个重要组成部分，整个采购管理工作是从项目采购计划的编制开始的。

（一）项目采购计划的编制要求与编制依据

1. 项目采购计划的编制要求

工程项目采购计划的编制要符合企业既有的经营目标与方针、利益计划以及发展计划等。采购计划编制的完善与否直接影响整个项目采购运作是否可以成功。

对于一般的建筑企业，编制项目采购计划的主要目的在于对采购部门的具体工作进行更好的指导，从而确保项目施工的顺利进行，保证企业获得既定的经营效益。一个良好的采购计划需要满足：

（1）配合企业生产计划与资金调度。

（2）避免材料储存过多，积压资金，以及占用存放的空间。

（3）使采购部门事先准备，选择有利时机购入材料。

（4）预计材料需用时间与数量，防止供应中断，影响产销活动。

（5）确立材料耗用标准，以便控制材料采购数量及成本。

2. 项目采购计划的编制依据

工程项目采购计划的编制依据有项目合同、设计文件、采购管理制度、项目管理实施规划（含进度计划）、工程材料需求或备料计划。

（二）项目采购计划的编制程序

1. 认证计划

A　准备认证计划

准备认证计划是编制项目采购计划的第一步，也是极其关键的一步。具体需要进行以下工作：

（1）开发批量需求。这一步是一个牵引项，可以启动之后的整个供应程序的流动。了解与把握开发需求计划是制定详尽、完善的认证计划的必要前提。当前，开发批量需求有两种主要的情形：

1）以前或当前条件下可以获取的物料供应。如可以从之前接触的供应商的供应范围中寻找到项目所需的物料。

2）如果项目所需的物料在之前的采购环境中不能得到，采购部门就要去寻找能够提供这种新物料的供应商。

（2）接受余量需求。在具体的采购实践中，工程项目的具体采购人员可能会遇到以下两种情况：

1）企业规模的逐渐扩大带来越来越大的市场需求，企业已经具备的采购环境的容量难以满足企业日益增长的物料需求。

2）企业工程项目的整体采购环境的发展趋势是下降的，所以其采购环境的容量越来越小，难以满足企业的物料需求。

这两种情形都会造成余量需求，需要企业扩大采购环境的容量。有关采购环境容量的信息通常情况下由订单人员以及认证人员提供。

（3）准备认证环境资料。采购环境一般包括认证环境和订单环境两个部分。认证容量与订单容量的概念完全不同。有的供应商可能有较大的认证容量，但订单容量相对较小；还有一些供应商会有较大的订单容量，但是认证容量相对较小。与订单容量相比，认证容量的技术支持难度要大很多。所以，在分析采购环境的时候，企业要注意区分认证环境与订单环境。

（4）制定认证计划说明书。这一步具体指的是要准备好所有的认证计划需要的各项材料，具体包括认证计划说明书（如物料的需求数量、物料项目名称以及认证周期等）、开发需求计划、余量需求计划和认证环境资料等。

B　评估认证需求

这是编制采购计划的第二步，具体需要进行以下工作：

（1）分析开发批量需求。开发批量需求除了要对采购的量进行分析以外，还需要了解工程所需物料的技术特征。开发批量需求具有很多的样式，根据不同的分类标准，可以分为不同的类型，以需求的环节为标准，开发批量需求可以分为研发物料开发认证需求和生产批量物料认证需求两种；以供应情况为标准，开发批量需求主要有需要定做物料需求和直接供应物料需求两种；以采购环境为标准，开发批量需求包括环境内与环境外物料需求两种；根据国界划分，开发批量需求又分为国外与国内供应物料需求两种。

（2）分析余量需求。对余量需求进行分析的第一步就是将余量需求进行分类。余量认证主要有两个来源：市场销售需求不断扩大，以及采购环境订单容量越来越小。这两种情况使工程项目单位的物料需求不能得到满足，所以要扩大采购环境的容量。对于因市场原因造成的前一种情况，工程项目的采购部门可以通过分析市场、生产需求计划确定具体的物料需求量；而对于因为供应商的原因造成的第二种情况，可以在对实际采购环境下的总体订单容量和原定的订单容量存在的差别进行分析后得出。总的需求总量便是上述两种情况下的余量之和。

（3）确定认证需求。所谓认证需求指的是借助于认证手段来得到一定的订单容量的采购环境，其确定主要依据对开发批量需求与余量需求进行分析的结果。

C　计算认证容量

在这一步中，主要完成的具体工作包括：对项目认证资料进行分析，计算出总体的认证容量以及承接认证容量，以及对剩余的认证容量进行确定。

D　制定认证计划

制定认证计划书的内容主要包括：

（1）对比需求与容量。一般情况下，认证需求和供应商的认证容量间会有一定的差异性。若认证需求比认证容量小，就不需要综合平衡，可以根据认证需求直接制订认证计划，但是若认证需求比供应商的认证容量大得多，就需要先进行认证平衡，再针对剩余的认证需求制定现有采购环境外的认证计划。

（2）综合平衡。所谓综合平衡指工程项目的采购部门要从全局出发，对于生产、物料自身的生命周期以及认证容量等各要素要进行综合考虑，判定制定的认证需求是否可行，进而通过对认证计划的调节使认证需求得到最大的满足，此外，还要计算出剩余认证需求，并从单位既有的采购环境外寻找这一部分的剩余认证需求。

（3）确定余量认证计划。余量认证计划是指要将剩余认证需求交给相关的认证人员进行分析，并让其提出一定的对策，共同确认当前采购环境外的新供应商的认证计划。

（4）制定认证计划。制定认证计划就是对于物料数量与开始认证的时间进行确定。

2. 订单计划

A　准备订单计划

准备订单计划的内容主要包括接收市场需求与生产需求、准备订单环境资料和编制订单计划说明书。

B　评估订单需求

评估订单需求也是工程项目采购中极其关键的一步，只有对于订单需求进行准确的评估，才可以给订单容量的计算提供重要的依据，从而制定出完善的订单计划。评估订单需求包括的内容具体包括：

（1）分析市场需求。工程项目的采购人员需要对于市场上签订合同的数量以及尚未签订（含未及时交货）的合同的数量等进行详细、系统的分析，并对其发展趋势进行研究，此外还要参考之前的采购数据，使采购计划更加严谨与规范。

（2）分析生产需求。对生产需求进行分析可以从以下两方面着手：

1）对生产需求的产生过程进行研究；

2）对于生产需求量以及购买货物的时间进行分析。

（3）确定订单需求。采购部门可以基于对市场需求及生产需求的分析确定本企业的订单需求。订单需求的内容一般指借助于一定的订单操作手段，使既定批量的合格物料在未来的指定时间内入库。

C　计算订单容量

工程项目采购计划的一个重要组成部分便是计算订单容量，订单容量计算的准确性是制定完善的订单计划的重要前提。对于订单容量的计算主要包括：对项目供应资料进行分析，对于总体的订单容量进行计算，对于承接订单容量进行计算，以及确定剩余订单容量。

D　制定订单计划

在工程项目的采购计划编制中，制定订单计划是最后的、最重要的一个环节，其内容主要包括以下几方面：

（1）对比需求与容量。这是制定订单计划的第一步，只有确定了需求和容量间的关系才能更有针对性地制定订单计划。

（2）综合平衡。项目采购的计划人员要对市场、生产、订单容量等要素进行综合考虑，对于物料订单需求的可行性进行分析，根据实际情况调整订单计划。

（3）确定余量认证计划。对于剩余需求，要提交认证计划制定者处理，并确定能否按照物料需求规定的时间及数量交货。为了保证物料及时供应，此时可以简化认证程序，并由具有丰富经验的认证计划人员进行操作。

（4）制定订单计划。采购计划的最后一个环节就是制定订单计划，制定好订单计划就可以按照计划进行采购工作了。

（三）采购计划编制的技术与制定

1. 采购计划编制的技术

采购计划编制的技术包括：

（1）自制/外购分析。这属于一般性的管理技术手段，一般包括对于直接成本以及间接成本的分析，其作用主要是对执行组织是不是可以经济地生产出一项具体的产品进行分析与判断。

（2）专家判断。这一过程的输入通常需要专家的技术判断，专家指的是经过某项专业培训或者具备某项专业知识的团体或者个人。专家意见的来源主要包括以下几个方面：咨询工程师、执行组织单位内的其他单位、行业集团、专业和技术协会。

2. 采购计划编制的制定

市场的变化、采购过程的复杂性是影响采购计划的重要影响因素，采购计划对于采购管理至关重要。一个详尽、系统的采购计划有助于更有效地指导采购管理工作。采购计划编制的制定包括：

（1）认真做市场调查，搜集具体、完备的相关信息。采购管理人员在编制采购计划的时候，要认真调研本企业面临的市场，具体需要调研的内容包括经济的整体发展趋势、行业发展的基本情况、采购相关的一些政策法规、相关供应商的情况和竞争对手采取的采购策略。

（2）认真分析企业自身情况。工程项目的采购管理人员在制定采购计划前还要对本企业的具体情况进行充分分析，如企业的行业地位、长期的发展计划与战略、供应商的生产能力等相关情况。

（3）广泛听取意见、群策群力。在编制采购计划的时候，很多采购部门都是采购经理指定的，缺少一些基层的采购人员以及关联部门的支持，导致采购计划不太完善，进而实际的采购工作也就不会开展得很顺利。所以，相关管理人员需要广泛地听取他人的意见。

四、工程项目采购控制

为了更好地实现采购目标，更好地满足工程项目的物料需求，采购管理人员需要有效地控制采购过程。

（一）实施项目采购订单计划

采购订单计划的实施就是根据计划购买相关的物料，为工程项目提供合格的原材料与相关配件，并且要评价反馈供应商的群体绩效。

采购订单计划实施的主要环节包括订单准备、供应商选择、与供应商签订合同、对于合同的执行情况进行跟踪、物料检验与接收、付款操作与供应。

（二）建筑工程项目采购合同控制

工程项目的采购风险大、环节多、影响因素多，因此，合同控制是一种最好的对这一过程进行控制的方法。合同会对采购方与供应商的责任和义务进行详细的规定，会标明双方违反合同规定时的具体处理方法，还会有双方的当事人、单位负责人，甚至公证人的签字与公章。

工程项目的采购合同受法律保护，具有法律效力，有很强的约束性、权威性以及可操作性，对于合同双方的行为能够起到约束的作用，从而使双方的利益得到更好的保护。所以，采购部门要尽量地和全部的供应商签订合同，对其进行约束与控制，从而降低进货的风险。

（三）工程项目采购作业控制

所谓作业控制指的是工程项目的采购部门对于采购过程中每一个环节的作业都必须进行监督与控制。因此，采购部门承担着很大的工作量，责任重大，也有很大的风险。

因此，在工程项目的采购作业控制中，相关人员可以采取以下措施：

（1）承担此项工作的人员要经验丰富、具备较强的活动能力与处理问题的能力、身体素质较高；计划要周密，对具体执行过程中可能会出现的各种情况提前制定相应的措施来应对。

（2）制定与实际情况相符的具有可操作性的物料进度控制表，更好地控制整个过程。

（3）督促供应商按照合同日期交货，做好货物的检验工作。

（4）控制好货物的运输，做好运输方与购买方、采购责任人和仓库保管员的交接工作。

（四）工程项目采购验收

工程项目的采购控制还要对于材料进行及时验收，如果材料经验收是合格的，检验人员应在材料的包装上贴上合格标签，之后的物料管理人员将这些合格的材料放入仓库；对于不合格的材料，检验人员也需要将不合格标签贴在外包装上，并且在"材料检验报告表"上写清不合格的原因，经过主管领导核实后，转到工程项目采购部门，而且要通知相关的供应商，同时办理退货手续，将物料退回。

第二节　建筑工程项目的资源管理

一、工程项目人力资源管理的确定

（一）项目管理人员、专业技术人员的确定

根据企业的相关岗位编制计划，在预测项目管理人员、专业技术人员的需求时可以参考类似的工程经验。在人员需求中需要对于需求的岗位、数量、专业能力、招聘途径、程序、到岗时间等进行明确的规定，进而形成一个多维度、多层次的人员需求表。

在编制人员需求计划之前要进行详细的工作分析。工作分析是指在观察与研究的基础上，对于某一工作职务的职责以及岗位要求等内容进行明确规定。一般包括具体的工作内容与时间、责任者、怎样操作以及为何要做等，基于工作分析的结果，再编制工作说明书、工作规范。

（二）劳动力综合需要量计划的确定

确定劳动力的综合需要量在暂设工程规模、组织劳动力进场方面起着重要的作用。在编制劳动力综合需要量计划时，要在工种工程量汇总表中列出不同建筑物不同专业工种的工程量编制。

各个建筑物不同工种的劳动量可以通过查劳动定额表获得，再根据总进度计划中各单位工程或分部工程的专业工种工作持续时间，获得某一单位工程在某一时间段内的平均劳动力数量。通过同样的方法还能计算出各个主要工种在不同的各个时期内的平均工人数。之后，将总进度计划图表纵坐标方向上各单位工程同工种的人数叠加在一起并连成一条曲线，即为某工种的劳动力动态曲线。

劳动力需要量计划应根据企业的施工进度计划、工程量、劳动生产率来对专业工种、进场时间、劳动量和工人数进行确定，并最终汇集成一个表格形式的计划，其是企业调配现场劳动力的重要依据。

二、工程项目材料管理

（一）建筑工程项目材料的分类

在建筑工程项目中，会用到各种各样的材料。因此，在工程造价中，材料费用占据较大的比重，所以，在工程项目管理中，加强对工程材料的管理是最主要的提高经济效益的途径。建筑工程项目的材料有很多分类标准，具体主要包括以下几种。

1. 根据材料的作用分类

根据在工程项目中起到的作用，建筑材料可以分为主要材料、辅助材料和其他材料。这种分类方法更方便制定材料的消耗定额，从而可以更好地控制成本。

2. 根据材料的自然属性分类

根据自然属性，建筑材料可以分为金属与非金属材料两大类。这样的分类有利于采购人员按照材料的化学性能、物理性能对工程项目所需的材料进行采购、运输以及保管等。

3. 根据材料的管理方法分类

ABC 分类法是指根据工程项目中材料价值所占的比重进行分类的方法。该分类法有利于管理人员根据不同的对象进行不同的管理，而且有利于发现需要重点管理的对象，进而能够获得更好的经济效益。

ABC 分类法是把成本占材料总成本 75%~80%，而数量占材料总数量 10%~15% 的材料列为 A 类材料；成本占材料总成本 10%~15%，而数量占材料总数量 20%~25% 的材料列为 B 类材料；成本占材料总成本 5%~10%，而数量占材料总数量 65%~70% 的材料列为 C 类材料。在 ABC 这 3 类材料中，对 A 类材料，如钢材、水泥、木材、砂子、石子等，要进行重点管理，A 类材料会占用较多的资金，所以采购人员要控制好其订货量，尽量使库存最小，这样可以节约企业的成本；B 类材料是次要管理对象，因此也要认真管理这类材料，应根据经济批量订购，严格控制好库存，定期检查，根据企业的储备定额进行储备；C 类材料是一般的管理对象，对其稍微进行控制就可以，管理人员可以运用简化的方法来管理。

（二）建筑工程项目材料的供应

1. 企业管理层的材料采购供应

降低工程的成本、贯彻节约原则是对建筑工程项目的材料进行管理的主要目的之一。工程项目的采购供应是对材料进行管理与控制的一个极其重要的环节。建筑工程项目中需要采购的一些大宗材料与主要材料，应该由企业的管理层负责，并且根据计划供应给项目经理部，因此，企业管理层的采购供应对于项目目标的实现具有直接影响。

工程项目需要的一些大宗的、主要的材料应由企业的物流管理部门统一进行计划、采购、供应、调度与核算以及效果评估，进而使工程项目的材料管理目标得以实现。企业管理层在工程项目的采购供应方面的任务主要包括以下几方面：

（1）对于各项目经理部的材料需用计划进行综合，进而编制工程项目材料的采购与供应计划，对于材料管理的目标进行确定与考核。

（2）构建比较稳定的资源供应基地与供货渠道，在对各种材料信息进行广泛搜集的基础上，发展各种不同形式的横向联合，形成多渠道、长期稳定的货源，要加强管理采购的招标工作，这有利于帮助企业获得价格低、质量好的材料，从而为降低工程项目的成本与提高工程的质量奠定良好的物质基础。

（3）制定本企业的材料管理制度，具体包括材料目标管理制度、材料供应和使用制度，并进行有效的控制、监督和考核。

2. 项目经理部的材料采购供应

企业应该给项目经理部一定的采购权，自其在授权范围内采购一些项目所需的材料，这样可以充分调动项目管理层的积极性，确保物料的供应。建筑材料市场随着市场经济的日益完善势必会不断发展扩大，项目经理也会拥有越来越大的材料采购权。此外，项目管理层对于企业管理层的采购供应可以提一些建议。

3. 企业应建立内部材料市场

为了赚取更多的利益、降低成本、促进节约、提高竞争力，企业可以引入市场经济中的契约关系、价格调节、交换方式、竞争机制等，在此基础上构建自己内部的材料市场，满足自身各种建筑工程项目的材料需求。

在企业的内部材料市场中，卖方是企业的材料部门，而买方则是项目管理层，买卖双方签订的买卖合同应明确规定各方应享有的具体权益。工程项目所需的一些大宗材料、主要材料、周转材料以及各种工具都可以通过租赁或者付费的方式在企业内部材料市场进行解决。

（三）建筑工程项目材料的现场管理

1. 材料的管理责任

在工程项目材料管理中，应以项目经理为全面的责任者与领导者，以项目经理部的材料员为直接责任人。此外，在主管材料员的业务指导下，班组料具员协助班组长合理地领料、用料、退料。

2. 材料的进场验收

材料进场验收的重要意义主要表现在以下几个方面：

（1）有助于使企业内外部经济责任界限更加清晰。

（2）有效避免进料过程中出现的差错事故。

（3）减少因为相关的供应商、运输单位方面的责任事故使企业承担不应该有的损失。

材料的进场验收包括：

（1）进场验收的要求。建筑工程项目的材料进场验收需要坚持准确及时、合理公正的原则，对于进场材料含有的有害物质要进行严格检查。如果根据规范需要对材料一定要进行复检，没有检测报告或者复检不合格的材料不得进场，根据程序办理退货，不能使用与国家规定不符合的建筑材料。

（2）进场验收。在材料进场前，材料的现场管理人员要准备好存料的场地和设施，确保材料有畅通的进场道路，便于运输车辆的进出，具体的验收内容包括质量验收、单据验收、数量验收。

（3）验收结果处理。验收人员应该在验收进场材料后，根据相关的规定，认真地填写各种类型材料的检测记录。各种材料在验收合格后要及时办理相关的入库手续，而且要及时对入库材料进行登账、立卡、标识。

对于不合格的材料应存放于不合格区，并且要进行相应的标识，避免用于工程，此外还要对这些不合格的材料及其处理情况进行记录。对于已经进场或者入库的工程材料，如果发现其存在一定的质量问题，或者相关的技术资料不完善，收料员要及时根据实际情况填写《材料质量验收报告单》，并且要上报给其上一级的主管部门尽快进行相应处理，而且对于这些材料要暂时不发放、不使用，按照原来的状态妥善地进行保管。

3. 材料的储存与保管

应该按照工程材料的性能与所具有的仓库条件对材料进行储存与保管。在材料的保管中，要严格按照相关的规范与程序进行，运用科学的保管与保养方法，从而降低材料的保管损耗，保持其原有的使用价值。材料储存需要满足：

（1）入库的材料要根据不同的型号、品种堆放在不同的区域，并且要分别编号、标识。

（2）对于易燃易爆的材料要进行专门的存放，并且安排专人保管；存放的地方防火、防爆措施要严格按照相关规定建设与执行。

（3）对于那些有防湿、防潮要求的工程材料，管理人员要根据其性能与储存要求采取相应的防湿、防潮措施，而且要做好防湿、防潮的标识。

（4）对于有保质期的库存材料，相关人员要定期进行检查，并且做好标识，防止过期。

（5）对于容易损坏的材料，要保护好其外包装，防止损坏。

4. 材料的发放和领用

材料的领用与发放标志着料具转入了生产消耗，在这一过程中，相关管理人员要明确每个人的领发责任，严格按照办法手续进行材料的发放。在工程项目管理中，对于工程材料的领用与发放进行控制与监督是预防浪费与超耗、实现节约的一个重要措施。

任何有定额要求的用料，在材料领发的时候都要实行限额领料，而且要有定额领料单。所谓限额领料指的是企业在具体的施工阶段将物资消耗控制在一定的范围之内，这是企业降低材料成本、提高材料使用效果的重要手段。

对于一些项目的超限额用料，要严格按照相关程序进行申领，在用料前要规范填写超限额领料单，标明材料超额的原因，办理相关的手续，经过项目经理部相关材料管理人员的审批后才可以领取超限额的用料。

此外，在工程项目的实施中，要构建领发料台账，对于工程项目的材料领发以及节超情况进行如实记录，在此基础上分析造成材料节超的原因，总结经验教训，进而不断提高企业的材料管理水平。

5. 材料的使用监督

为了确保材料的合理消耗，工程项目的材料管理部门还应对材料的使用进行监督，进而使材料的效用得到最大程度的发挥。材料的使用监督包括以下内容：在材料的运用过程中，是否严格按照规定认真执行领发手续；有没有根据计划合理用料；在材料的领用与运用过程中，有没有做到随领随用、工完料净、工完料退、场退地清以及谁用谁清；有没有根据相关的规定进行工序交接和用料交底；有没有按照要求对材料进行保护等。

三、工程项目机械设备管理

（一）机械设备管理的内容

机械设备管理的内容具体包括选择与配套机械设备、机械设备的检查和修理、机械设备的维修与保养、制定相关的管理制度、提高机械设备相关操作人员的技术水平、根据计划对机械设备进行改造与更新。

（二）建筑工程项目机械设备的来源

在建筑工程项目中，机械设备的获取方式主要有以下几种。

1. 企业自有

根据项目类型、施工特点等，建筑企业可以自己购置一些经常大量使用的机械设备，从而提高机械利用率和经济效益。对于这些企业自有的机械设备，项目经理部可进行调配或者租赁。

2. 租赁方式

对于一些不适合企业自己配备的大型或者专用的特殊机械设备，建筑企业可以通过租赁的方式来获得。在租用其他单位的机械设备时，建筑企业要对以下内容进行核实：出租企业的营业执照与租赁资质、安全使用许可证、机械设备安装资质、机械操作人员作业证、设备安全技术定期检定证明等。

3. 机械施工承包

建筑企业在下列情况下，可以采用机械施工承包的方式进行：一些操作复杂的机械设备，工程量较大的工程，以及需要任何机械设备配合密切的工程。例如，高层钢结构吊装、大型网架安装和大型土方等。

4. 企业新购

根据项目的具体施工情况，对于一些需要企业新购的机械设备，采购人员要认真进行调研，并且要编写研究报告，上报给相关的管理部门审批。

(三) 建筑工程项目机械设备的合理使用

为了确保建筑工程项目机械设备的正常运转，使其技术状况可以经常保持完好，就需要合理地使用机械设备，减少事故的发生以及机件的过早磨损，使机械设备使用寿命更长，提高生产效率。合理地使用机械设备可以从以下几方面着手。

1. 人机固定

机械设备的使用与保养要实行责任制，配备专门的人员使用与保养，专人专机，从而使操作人员能够更熟练地掌握机械设备的基本性能与运转情况，严禁非本机人员上机器操作。

2. 实行操作证制度

任何一个机械设备的操作与修理人员在上岗前都要进行相关的培训，并且要给每个人建立培训档案，使这些人员不仅要掌握机械设备的实际操作技术，还要了解与掌握一些机械构造等相关的理论知识，考核合格后才可以持证上岗。

3. 遵守合理使用规定

机械设备的操作与使用人员必须要严格遵守相关的使用规定，保护机件，避免其发生早期磨损，使机械设备的使用寿命与修理周期能够得到延长。

4. 实行单机或机组核算

把机械设备的成本、维护以及利润结合起来进行考核，然后再根据具体的考核成绩进行奖励与惩罚，这一举措有助于提高建筑企业对于机械设备的管理水平。

5. 合理组织机械设备施工

工程项目的机械设备管理人员要加强对于机械设备的维修管理，合理调配机械设备，提高项目机械设备的完好率以及单机效率。

6. 做好机械设备的综合利用

在建筑工程项目中，要尽量使机械设备能够一机多用，提高其利用率，例如，垂直运输机械也可在回转范围内作水平运输、装卸等。

7. 机械设备安全作业

项目经理部应该在进行机械操作前向机械设备的具体操作人员讲解安全操作

的具体规范，使其对于场地的环境、施工要求等安全生产要素有一个清晰的认识。项目经理部不可以违反安全操作程序要求设备操作人员进行违章作业，也不可以在设备有问题的时候进行操作，更不可允许或者指挥设备的操作人员进行野蛮施工。

8. 为机械设备的施工创造良好条件

项目经理部要为机械设备的施工创设良好的环境条件，现场的施工环境、平面布置要符合工程机械设备的作业要求，要确保道路畅通，夜间施工需要创造良好的照明条件。

（四）建筑工程项目机械设备的保养与维修

为了使建筑工程项目的机械设备可以长期保持良好的技术状态，要加强对其的维护与保养。在对工程设备进行维护与保养的时候要坚持"养修并重、预防为主"的原则，要定期进行保养，处理好设备使用、保养以及修理间的关系，不可以只使用不保养，也不可以只维修不保养。

1. 机械设备的保养

建筑工程项目中的设备保养应坚持推广"十字"作业法，这种作业方法的主要内容为"清洁、润滑、调整、紧固、防腐"，应严格根据设备使用说明书中要求的保养周期和项目进行定期保养。

例行（日常）保养属于一种对机械设备的正常使用进行的管理工作，主要在机械设备运行前后和过程中进行，一般不占用其运转时间，具体的保养内容包括检查设备主要部件与易损部件的情况、检查燃油量和仪表指示、检查润滑剂与冷却液。一般情况下，设备的操作人员应自行完成设备的例行保养工作，而且在完成后要仔细地填写好保养记录。

建筑工程项目机械设备的强制保养是一种需要占用设备的运转时间进行的保养，一般要根据一定的周期以及内容分级进行。机械设备运转到了一定的时限，无论其任务是轻还是重，也无论其技术状态是好还是坏，都要严格根据相关的规定进行保养，不能找各种理由进行拖延。

建筑企业要对设备使用的相关人员进行现代化管理教育，使相关部门的各级领导以及机械设备的使用与维修人员能够充分地认识到，对机械设备进行维护与保养工作在很大程度上决定了其实用寿命以及完好率。如果仅仅看到眼前的利益，忽视了对设备的维护与保养，使机械设备一直到不能运转的时候才停用，就会使设备过早地磨损、使用寿命缩短，严重的时候可能还会对安全生产造成威胁。

2. 机械设备的维修

机械设备维修是指修复其自然损耗，对其运行中的故障进行排除，更换与修复其损坏的零部件，从而确保其使用效率、延长其使用寿命。建筑工程项目中的机械设备修理包括以下几种类型：

（1）大修理。大修理是指要全面对设备进行检查与修理，确保其各个零部件的质量符合要求，恢复其精度、可靠性等工作性能，维持其良好的技术状态，使其拥有更长的使用寿命。

（2）中修理。中修理是指对于机械设备的一些主要零部件以及其他的数量较多的磨损件进行更换和修复，并对于设备的基准进行校正，恢复其性能、精度和效率，进而延长对其进行大修的间隔。

（3）小修理。小修理一般不列入修理计划，通常和保养结合进行，通常为临时安排，主要是为了解决一些设备操作人员难以处理的一些突然发生的故障、一般事故性的损坏或者个别零件的损坏。

四、工程项目技术管理

（一）项目技术管理的内容

项目技术管理指的是企业计划、组织、指挥、协调和控制自身承建的工程的各项技术活动与施工技术中的各项要素的过程。技术管理基础工作和技术管理基本工作是项目技术管理的基本类型。

1. 技术管理基础工作

技术管理基础工作的主要内容包括技术管理制度、技术责任制度、技术标准和规程、技术原始记录、技术档案管理和技术情报工作和技术教育与培训等。

2. 技术管理基本工作

技术管理基本工作包括：

（1）施工技术准备工作。其主要内容包括会商图纸、施工组织设计、施工技术交底和安全技术等。

（2）施工过程技术工作。其主要内容包括施工技术交底、安全技术、技术措施计划、技术核定与检查和"四新"试验等。

（3）技术开发工作。其主要内容包括"四新"试验、对技术进行改造和革新与开发等。

（二）工程项目技术管理制度

工程项目技术管理制度是指为了确保项目组织秩序运转正常，确保各项工作的质量和效率达到预期标准，企业在遵守国家法律、法规、方针、政策的基础上，对施工项目组织和职工活动进行约束，让其严格依照规定的措施、程序步骤、标准进行施工与管理的过程。

1. 图纸会审制度

图纸会审制度制订、执行的基本目标包括：明白设计意向，理解技术要求，察觉出现在设计文件中的偏差与漏洞，提出修正和会商意见，以及防止出现技术故障或经济和质量问题。

2. 施工组织设计管理制度

根据企业的施工组织设计管理制度，应该将施工方案的分部分项工程部分的编制及实施与单位工程施工组织设计作为施工项目实施细则制订的主要内容。

3. 技术交底制度

认真贯彻执行技术责任制，确保技术管理体系在运转过程中不会出现异常，严格依据标准与要求进行技术工作。

4. 施工项目材料、设备检验制度

用于项目中的材料、构件、零配件和设备的质量要有保障，从而使工程质量得到保障。

5. 工程质量检查及验收制度

对工程施工质量的控制进行强化，防止由于质量问题使工程项目出现无法消除的隐患，在评定质量等级过程中为其提供数据与情况，积累工程技术资料与档案。

6. 工程技术资料管理制度

工程技术资料是指按照相关管理规定，在项目施工过程中产生的必须进行归档处理的各种图纸、表格、文字、音像材料的统称。工程施工及竣工交付使用要以其为必要条件，同时，检查、维护、管理、使用、改建和扩建项目工程也要以其为依据。

7. 其他技术管理制度

为了确保相关技术工作能够运行正常，不能忽视其他技术管理制度的制订。这些技术管理制度主要包括土建与水电专业施工协作技术规定、工程测量管理办法、计量管理办法、环境保护办法、工程质量奖罚办法等。

（三）项目技术管理控制与考核

1. 技术管理控制

技术开发管理的重要组成部分包括：新产品、新材料、新工艺的应用管理，施工组织设计管理，技术档案管理，以及测试仪器管理等。

技术开发管理应做到：

A　技术开发管理

（1）企业技术开发方向的确定要建立在了解自身特点与建筑技术发展走向

的基础上，将自我研发和联合大专院校、科研机构进行技术开发相结合，将技术密集型作为公司发展的目标。

（2）科技投入量要逐年提升，技术研发力量要进一步强化，先进设备与设施的引进要进一步重视，确保将先进手段融入技术开发的过程中。

（3）逐步提升科技推广和转化力度。

（4）提高投入技术装备领域的资金，推动劳动生产率进一步提升。

（5）重视计算机与网络技术的开发与运用，在对施工技术等情报信息进行搜集的过程中充分发挥网络的作用，在采购过程中利用电子商务技术使采购成本下降等。

B　"四新"的应用管理

其应用管理技术性能必须得到权威的技术检验部门的确认，并且取得相关的鉴定书，并对质量标准以及操作规范与程序加以明确后，才能运用到工程的施工过程中，并提高推广力度。

C　施工组织设计管理

要想提高管理的科学性，提升施工水平与确保工程质量，企业必须高度重视施工组织设计这一手段。它能够避免施工的盲目性，保证在组织施工的过程中遵守设计、规范、规程等技术标准。认真进行调研是施工组织设计管理的前提，同时在制定措施的过程中要充分调动技术人员与管理人员的积极性，让施工组织设计与实际情况相符，并行之有效。

D　技术档案管理

技术档案记载了各建筑物、构筑物的历史真实面貌，凝结了所有项目工作人员的心血与才学。统一领导、分专业管理是技术档案管理必须遵循的基本原则。迅速、精确、完整、分类正确、传递及时、与地方法规相符、无遗漏问题是收集资料的根本要求。

2. 技术管理考核

研究与评估技术管理工作计划的执行，技术方案的实施，技术措施的实施，技术问题的处置，技术资料收集、整理和归档以及技术开发，新技术和新工艺应用等情况是项目技术管理考核的主要内容。

五、工程项目资金管理

工程项目资金管理是指企业管理项目建设资金的预测、筹集、支出、调配等工作。在基本建设项目的全部管理中，资金管理处于关键位置。只有资金得到了妥善管理，资金供给才会得到有效保障，基本建设项目工程实施才会非常顺遂，达到预计甚至超过预计目的。但是，如果资金得不到妥善管理，那么基本建设项目的进度就会放缓，出现损失与浪费问题，基本建设项目目标的完成也会受到影响，情况严重的话，还会导致基本建设项目整体遭到挫折。

（一）项目资金使用管理

为达到资金管理便利、资金利用效率提高的目的，规模较大的建筑业企业通常会在自身的财务部门设置项目专用账号，通过财务部门预测自身承建项目施工过程中的项目资金收支情况，对外进行统一的收支与结算。项目资金的使用管理应由施工项目经理负责。其操作方法包括以下几个方面。

1. 内部银行

内部银行又被称为企业内部结算中心，以商业银行运行机制为基础，将专用账号分配给企业内部各核算单位，即内部流通部门与生产部门，对各单位货币资金收支进行核对，将企业的所有资金收支与内部单位的存贷款业务全部归于内部银行。根据对存款单位负责、账户专用、不许透支、存款有息、借款付息、违章罚款的要求，内部银行以市场化的方式对金融进行管理。

管理企业财务也是企业内部银行的一项重要职能，应预测项目资金的收支情况，对外统一进行收支和结算，对通过贷款募集的资金和内部单位之间的资金借款进行对外统一办理，并承担交纳企业内部各单位利税与费用的组织工作，进而使企业内部的资金调控管理作用得到充分发挥。

2. 项目专用账号

内部核算的项目经理部，通过独立身份变成企业内部银行的客户。

非内部核算的项目经理部，通过自身与企业的项目管理公司核算之间的从属关系变成企业内部银行的客户。

在内部银行，不管利用何种形式，项目经理部都能够开设项目专用账号，这为项目经理部使用管理资金奠定了基础。

存款账号与贷款账号是项目专用账号的两个基本类型。透支情况在内部银行中是不允许出现的，然而考虑到在租金周转暂时出现困难时不耽误工程进度，一些项目部会向内部银行贷款。因此，除了要设立存款账号外，必须在有需要时设立贷款账号。

使用管理项目资金的前提是，建立与完善项目资金管理责任制，明确项目经理负责使用管理项目资金的原则，项目经理部财务人员主导日常工作的组织，以统一管理、归口负责、业务交圈对口为工作目标，确立责任制，对相关职能人员包括项目预算员、计划员、统计员、材料员、劳动定额员等的资金管理职责和权限进行界定。

（二）项目资金的控制与监督

1. 投资总额的控制

工程周期长、涉及的资金数额庞大是基本建设项目的主要特点，人们通常由于各种主观与客观原因无法在项目初始阶段形成一个符合建筑规律的，不需改动的投资控制目标。因此，资金管理部门必须保证在投资决策阶段、设计阶段、建设施工阶段，工程建设中产生的整体费用不超过原定的资金额度，并定期对其进行完善，将最大的收益建立在最小的投入的基础上。然而也不能将削减成本当作投资控制的全部，而应重视投资、质量和进度之间的关系。只有如此，投资收益增加这个基本目标才能完成。

2. 投资概算、预算、决算的控制

"三算"的关系属于层级之间的控制，概算控制预算，预算控制决算。通常情况下设计概算不能被超越，这是因为它是投资的最高额度。以设计概算为基础所进行的必要完善与进一步形象化就构成了施工预算。竣工决算是竣工验收报告的主要内容，它是能够对建设成果进行综合反映的书面总结，其主要作用是对基建管理工作进行归纳。

3. 加强资金监管力度

第一，项目部在审批过程中应严格遵守程序，具体表现为建设资金申请由项目各部门提出；审查由项目分管领导负责，相关部门可以参与；决策权掌握在项目经理手中。

第二，应该对经济责任进行明确，在遵循经济责任制原则的基础上签订"经济责任书"，并对其执行情况进行监督，负责人的升职、奖励与惩处都要以核查结果为依据。

第七章　建筑工程施工项目质量控制与安全管理

　　随着我国经济持续发展，基本建设投资规模迅速增加，带动了建筑业快速发展，人们越来越重视建筑工程质量，建筑工程质量的优劣是影响工程适用性的重要因素，同时也直接影响人们的生命财产安全，因此，在工程建设过程中，对施工质量要加大管理力度，确保建设的高质量和人民生命财产的安全。此外，建筑工程是一个高风险的行业，对建筑工程项目进行安全管理具有非常重要的意义。本章主要阐述施工项目质量控制体系、施工项目质量控制与验收、建筑工程施工安全管理以及建筑工程文明施工管理。

第一节　施工项目质量控制与验收

一、施工项目质量控制

（一）施工项目质量控制的内涵

　　工程产品质量有一个产生、形成和实现的过程。在这一过程中，要进行一系列的作业技术和活动来使产品产生适用性，产品若想满足质量要求就要对一系列的作业技术和活动进行有效控制。为了达到工程项目质量要求，应全过程跟踪监督、检查、检验、验收施工质量，即进行施工项目质量控制。

　　工程施工的涉及范围大，过程相当复杂。此外，还存在工程项目位置固定、生产流动、结构类型不一、质量要求不一、施工方法不一、体型大、整体性强、建设周期长和受自然条件影响大等方面的因素，所以与其他工业产品的质量保证相比，更难保证施工项目的质量。控制施工质量要从工程投标承包、合同评审开始，并贯穿整个施工过程及保修期。

（二）施工项目质量控制的基本原则

　　施工项目质量控制的基本原则包括：

　　（1）坚持质量第一。建筑产品的使用价值集中体现于工程质量之中，因此人们最在意的就是工程的质量，要深刻落实"百年大计，质量第一"方针。

(2) 坚持以人为控制核心。质量是由人制造出来的，因此要使人发挥自己的主观能动性控制施工质量，坚持以人为质量控制核心。

(3) 坚持预防为主。要做到未雨绸缪，将能够对产品质量产生的因素使用一定的方法进行控制，争取做到不产生质量问题或者一产生质量问题就将其消灭在摇篮之中。

(4) 坚持质量标准。评价工程质量优劣就要依靠质量标准。质量控制的根本依据是数据，要利用数据对工程进行严格的检查以确定工程是否符合质量标准。

(5) 坚持全面控制。全面控制就是要在整个过程中进行质量控制。为使工程质量得到保障和提高，必须在建设程序的全过程进行质量控制，这个过程不仅包含施工过程，还包括勘察设计直至使用维护的整个过程。

(6) 全员的质量控制。从普通员工到项目经理都要致力于提高工程施工质量。要调动项目所有员工的积极性和能动性进行质量控制，做到人人关心质量控制，人人做好质量控制工作。

(三) 施工各阶段的质量控制

1. 施工准备阶段的质量控制

在签订完施工合同之后，项目经理一定要向对方索要设计图纸、施工合同副本以及技术资料，并派人专门管理，及时清理无效文件，公布有效文件，确保施工过程中文件有效。

应依据设计文件和设计技术交底的工程控制点，按照相关规定复测，在这一过程中若有问题要马上联系工程设计者并解决，而且要记录下来。

在编制项目质量计划之前，项目技术负责人要审核图纸，并且要记录下来。

项目经理要根据质量计划中工程分包和物资采购进行控制规定，以便选择分包人和供应人，同时做好记录。

要给所有施工人员培训关于质量以及技能方面的知识，并记录下来。相关条件都得到满足之后，将开工申请报告提交给监理工程师，审批通过后才能开工。

2. 施工阶段的质量控制

施工阶段的质量控制包括：

(1) 技术交底。在对单位工程、分部工程以及分项工程进行施工之前，应由项目技术负责人对承担施工的负责人或分包人进行书面技术交底。这些资料必须办理签证手续；施工时，项目技术负责人要向相关人员提供书面技术交底才能更改发包人或监理工程师提出的有关施工方案、技术措施及设计。

(2) 测量控制。测量控制方案的编制要赶在开工之前，并且具体实施要等到项目技术负责人批准之后，并保存记录；不能随意移动施工过程中设置的测量点线。

（3）材料控制。企业应首先确定合格材料供应人的名单，项目经理部要根据名单按计划招标购买原材料、半成品和构配件；搬运和储存要符合搬运储存规定，建立台账，账物应相符；根据产品标识的可追溯性标识原材料、半成品、构配件；不准使用没有检验过的或者检验不合格的原材料、半成品、构配件和工程设备；根据规定严格验证发包人提供的原材料、半成品、构配件、工程设备和检验设备，发包人提供合格产品的责任不随验证结束而消失；工程师对承包人自行采购物资的验证，不能免除承包人提供合格产品的责任，也不能排除其后发包人的拒收。

（4）机械设备控制。采购和调配施工设备要按照施工组织设计的设备进场计划进行；现场的施工机械应达到配套要求，充分发挥机械效率；机械设备操作人员要持证上岗，维护机械设备，保证设备完好。

（5）环境控制。按照《环境管理体系》（ISO 14000：1996）的相关规定建立项目环境监控体系，取得反馈信息，并根据反馈信息进行计划变更；施工环境要安全文明，不胡乱堆放材料，保持环境整洁、道路通畅。

（6）计量控制。关于计量器具的使用、保管、维修和检验，计量人员要按照相关规定进行有效控制，进而保证在施工中计量器具的合格使用，监督计量过程的实施，保证计量准确。

（7）工序控制。施工人员在施工时要符合操作规程、作业指导书和技术交底；根据过程检验和试验规定进行工序的检验和试验，若有不合格处，要及时根据不合格控制程序进行处理；以《施工日志》的方式记录施工进程。

（8）特殊过程控制。对在项目质量计划中界定的特殊过程，应设置工序质量控制点进行强化控制；控制特殊过程时，不仅要按照一般的过程进行控制，还要由专业技术人员编制作业指导书，经项目技术负责人审批后执行。

（9）工程变更控制。不管什么原因导致变更工程施工，都要严格按照执行工程变更程序，经相关单位批准后才能够实施。

（10）成品保护。应采取有效措施妥善保护成品，以提高工程实体质量。

3. 交工阶段的质量控制

完成单位工程之后，一定要进行最终检验和试验评定。工程负责人要按照编制竣工资料的要求收集、整理质量记录；项目技术负责人应组织有关专业技术人员按最终检验和试验规定，对评定的准确性及竣工内容，根据合同要求进行一次全面验证；对查出的施工质量缺陷，应按不合格控制程序进行处理；项目经理部应组织有关专业技术人员按合同要求编制工程竣工文件，并做好移交准备；在最终检验和试验合格后，应采取防护措施，保证将符合要求的工程交付给发包人；工程交工验收完成后，项目经理部应编制符合文明施工和环境保护要求的撤场计划。

二、施工项目质量验收

建筑企业质量管理中的一个重要内容是施工项目的质量验收工作。质量验收是生产过程中一项正常的也是必须要进行的工作，只有经过质量验收才能确保建筑工程项目保持良好的质量状态。同时，工程项目的质量验收工作还具有预防的功能，严格掌控好上一过程的质量，就可以对下一过程起到预防的作用，能够避免不合格的产品转入下一个过程。

施工项目的质量验收工作应该贯穿在工程的全过程中，主要是为了对于工程项目的质量动态有清晰的认识，提早发现工程可能存在的质量隐患，进而有效控制工程的质量。施工项目的质量验收通常在某一检验批、分项工程、分部工程或单位工程完成后实施，其验收标准是国家相关法律法规规定的技术标准。通过质量验收可以不断提高建筑工程项目的质量。

(一) 建筑工程施工项目质量验收的依据

建筑工程项目质量验收的依据主要有以下几种：

(1) 国家与相关的主管部门颁发的相关验收标准和规范、工艺标准以及技术操作规程。

(2) 一些设计文件，如设计图纸、标准图、设计修改通知单以及施工说明书等。

(3) 建筑工程项目机械设备制造厂家提供的产品说明书以及有关的技术规定。

(4) 原材料、半成品、成品、构配件及设备的质量验收标准等。

(二) 工程项目质量验收的划分

建筑工程项目的质量验收具体可以分为以下几种：

(1) 单位工程的划分。在对单位工程进行划分时需要坚持以下原则：

1) 施工条件独立，而且可以形成具有独立使用功能的建筑物和构筑物的就是一个单位工程。

2) 有些单位工程的建筑规模较大，因此，其可以构成独立使用功能的部分就可以成为一个子单位工程。

单位 (子单位) 工程划分的基本条件就是要有独立的施工条件，可以形成独立的使用功能，具体划分主要由建设单位、施工单位以及工程监理单位在施工前自行通过商议来决定，并且在施工技术资料的搜集与整理、工程项目的验收中以此为依据。

(2) 分部工程的划分。在对分部工程进行划分的时候一般应坚持以下原则：

1）以建筑部位以及专业性质为分部工程划分的重要依据。

2）如果分部工程相对较复杂、较大，还可以根据施工的特点与程序、材料的种类、专业系统与类别来进行划分。

3）在建筑工程中，电气安装分部工程中的强电与弱电部分还会单独出来，形成建筑电气分部与智能建筑分部两个独立的分部工程。

（3）分项工程。分项工程的划分依据主要有材料、工种、设备类别和施工工艺。

一个或者若干个检验批可以组成分项工程，检验批一般根据具体的施工情况、质量控制与专业验收的需要按照施工段、楼层以及变形缝等来划分。

在对工程项目进行质量验收的时候，将分项工程划分成不同的检验批来进行，可以对于项目施工中存在的一些质量问题进行及时纠正，不仅能够使工程质量得到保证，也与项目施工的实际需要相符合。

单层建筑工程的分项工程一般根据变形缝等来划分检验批，而多层和高层的建筑工程中的分项工程通常以楼层或者施工段为依据划分检验批。

一般情况下，地基基础分部工程中的分项工程都划分成一个检验批，有地下层的基础工程可根据不同的地下层来划分检验批。

以不同的楼层层面为依据，可以将屋面分部工程中的分项工程划分成不同的检验批。

对于其他分部工程中的分项工程在划分检验批的时候，通常以楼面为依据。工程量较少的分项工程、室外工程一般可以统一地划分成一个检验批。安装工程通常以一个设备组别或者设计系统为一个检验批。散水、台阶以及明沟等一般都包含在地面检验批中。

（三）建筑工程质量验收的程序和组织

通常情况下，检验批与分项工程由监理工程师与施工单位项目专业质量（技术）负责人验收。

分部工程的验收一般由总监理工程师与施工单位项目负责人以及技术、质量方面的负责人实施。此外，一些分部工程的验收也需要地基与基础、主体结构分部工程的勘察、设计单位工程项目负责人和施工单位技术、质量部门负责人的参与。

施工单位在工程项目完工后，需要首先自己组织相关人员对工程项目进行检查评定，而且要填写工程验收报告，并提交给建设单位。

在收到工程验收报告后，建设单位（项目）的负责人要组织施工单位（包括分包单位）的负责人以及设计与建立等单位（项目）的负责人对单位或者子单位的工程进行验收。

如果建筑工程项目的单位工程中有分包单位的施工，分包单位也要按照《建筑工程施工质量验收统一标准》规定的程序对其承包的工程项目进行检查与评定，总包单位也要派相关的负责人参加。而且分包单位在完成工程后要将相关的资料移交给总包单位。

如果各个参与验收的单位在验收的时候，对于工程质量持不同观点，可以邀请当地工程质量监督机构或者建设行政主管部门协调处理。

建设单位在工程质量验收合格后，应该在规定的时间内把工程竣工验收报告以及相关文件上报给建设行政管理部门留作备案。

第二节　建筑工程施工安全管理

一、施工安全管理

（一）施工项目安全管理的概念

施工项目安全管理是指利用现代管理的科学知识，对施工项目安全生产的目标要求进行概括、控制和处理，以使安全管理工作的水平得以提高。在具体的施工过程中，只有利用现代管理的科学方法对生产进行组织和协调，才能够使伤亡事故得到大幅度降低，进而使施工人员的主观能动性得到充分发挥。在经济效益和劳动生产率得以提高的同时，对不安全、不卫生的劳动环境和工作条件进行改变，要加强施工项目安全管理力度。

（二）施工安全管理及保证体系

安全生产是施工安全管理所要达到的目的。所以，施工安全管理必须符合国家"安全第一，预防为主"的方针。

施工安全管理要达到以下 3 个方面的工作目标：第一，避免或减少一般安全事故和轻伤事故的发生；第二，杜绝重大、特大安全事故和伤亡事故的发生；第三，使施工中劳动者的人身和财产安全得到最大限度的保障。安全管理和安全技术是决定施工安全管理的工作目标能否实现的决定性因素。施工安全保证体系的构建是实现安全管理目标的前提，具体包括：

（1）施工安全的组织保证体系。这一体系涉及最高权力机构、专职管理机构的设置和专兼职安全管理人员的配备，主要的任务是负责施工安全。

（2）施工安全的制度保证体系。岗位管理、措施管理、投入和物资管理以及日常管理是这一体系的主要内容。

（3）施工安全的技术保证体系。专项工程、专项技术、专项管理、专项治理等是施工安全技术保证体系的组成部分。安全可靠性技术、安全限控技术、安全保（排）险技术和安全保护技术4个安全技术环节为这一体系提供保证。

（4）施工安全的投入保证体系。这一体系的主要任务是确保施工安全具有与其要求相适应的人力、物力和财力投入，并发挥投入效果。其中，在施工安全组织保证体系中可以解决人力投入问题，而物力和财力的投入必然离不开资金问题的解决。工程费用中的机械装备费、措施费（如脚手架费、环境保护费、安全文明施工费、临时设施费等）、管理费和劳动保险支出等是主要的资金来源。

（5）施工安全的信息保证体系。信息工作条件、信息收集、信息处理和信息服务是施工安全信息保证体系的4个组成部分。

（三）施工安全管理的任务

企业和项目部安全管理机构的第一责任人分别为施工企业的法人和项目经理。具体而言，施工安全管理有以下几个主要任务。

1. 设置安全管理机构

（1）企业安全管理机构的设置。企业应该设置安全管理机构，第一责任人为法定代表人，并按照企业的施工规模及职工人数专门设置安全生产管理机构部门，并配备专职安全管理人员。

（2）项目经理部安全管理机构的设置。作为施工现场第一线管理机构，项目经理部应该结合工程的特点和规模，设置安全管理领导小组，第一责任人为项目经理，项目经理、技术负责人、专职安全员、工长及各工种班组长是其主要成员。

（3）施工班组安全管理。施工班组要设置不脱产的兼职安全员，主要工作是为班组长的安全生产管理工作提供协助。

2. 制订施工安全管理计划

在项目开工之前，应该编制施工安全管理计划，且在具体实施之前必须经过项目经理的批准。

如果项目具有较为复杂的结构、较大的施工难度以及较强的专业性，不仅要制定项目总体安全技术保证计划，而且必须制定单位工程或分部、分项工程的安全施工措施。

需要制定单项安全技术方案和措施，并审查管理人员和操作人员的安全作业资格、身体状况的施工作业包括高空作业、井下作业、水上和水下作业、深基础开挖、爆破作业、脚手架上作业、有毒有害作业、特种机械作业等专业性强的施工作业以及从事电器、压力容器、起重机、金属焊接、井下瓦斯检验、机动车和船舶驾驶等特殊工种的作业。

实行总分包的项目，分包项目安全计划应纳入总包项目安全计划，分包人应服从总承包人的管理。

3. 施工安全管理控制

人力（劳动者）、物力（劳动手段、劳动对象）、环境（劳动条件、劳动环境）是施工安全管理控制的对象。具体而言，包括以下几方面的内容：

（1）对薄弱环节和关键部位予以高度重视，控制伤亡事故的发生。在项目的施工过程中，安全工作的薄弱环节是分包单位的安全管理，总包单位要将分包单位的安全教育、安全检查、安全交底等制度建立起来并不断健全完善；分包单位的安全管理应实行层层负责制度，主要责任人是项目经理。高处坠落、物体打击、触电、坍塌、机械和起重伤害等都属于伤亡事故。

（2）施工安全管理目标控制。一般来讲，应由施工总包单位根据工程的具体情况确定施工安全管理目标。施工安全管理目标包括：

1）六杜绝。杜绝因公受伤、死亡事故；杜绝坍塌伤害事故；杜绝物体打击事故；杜绝坠落事故；杜绝机械伤害事故；杜绝触电事故。

2）三消灭。消灭违章指挥；消灭违章作业；消灭"惯性事故"。

3）二控制。控制年负伤率；控制年安全事故率。

4）一创建。创建安全文明示范工地。

二、施工安全管理实务

（一）识别危险源

危险源是指有可能导致人员受到伤害或发生疾病、物质财产受到损失、工作环境受到破坏的根源或因素应针对施工过程的特点，有效识别危险源，进行风险评价，确定风险，并实施管理的优先排序。

（二）确定项目的安全管理目标

按"目标管理"方法在以项目经理为首的项目管理系统内进行分解，进而确保每个岗位的安全管理，确保工人的安全。

（三）编制项目安全技术措施计划

编制项目安全技术措施计划，也可以称为施工安全方案，指的是对施工过程中出现的危险源，用技术和管理手段进行控制或者消除，并用文件化的方式来表示。项目安全技术措施计划是进行工程项目安全控制的指导性文件，它应与施工设计图纸、施工组织设计和施工方案结合起来运用，才能发挥最好的效果。其中安全计划的内容包含有工程概况、管理目标、规章制度、组织机构与职责权限、风险分析与控制措施、安全专项施工方案、应急准备与响应、资源配置与费用投入计划、教育培训和检查评价、验证与持续改进等。

（四）应急准备与响应

施工现场管理人员要负责辨别各种紧急情况，准备应急响应措施计划和应急资源，当发生安全事故时，要立即应急响应和应急措施。尽可能减少事故的影响和损失。特别注意防止在应急响应活动中可能发生的二次伤害。

（五）施工项目安全检查

进行施工项目安全检查的目的主要是消除安全隐患、避免发生事故、完善防护条件、提高员工安全意识。

1. 安全检查的类型

安全检查的类型包括：

（1）定期进行安全检查。建筑施工企业应建立定期安全检查制度，建筑工程的施工现场最少做到每10天开展一次全面的安全检查工作，项目经理应该亲自组织安排施工现场的定期安全检查工作。

（2）时常性安全检查。建筑工程施工应该经常开展预防性的安全检查工作，这样能够及时发现存在的安全隐患，有效避免发生意外，保证施工的正常进行。经常检查工作的方式方法有：

1）安排专职安全生产管理人员和安全值班人员每天进行安全检查、巡逻。

2）项目经理、责任工程师和相关专业技术人员在检查生产工作的同时进行安全检查。

3）作业班组在班前、班中、班后进行安全检查。

（3）季节性安全检查。季节性安全检查是指根据天气或气候（如雨天或者是雪天等）可能会对安全生产造成的不利影响安排组织安全检查。

（4）节假日安全检查。每逢节假日期间或是节假日前后，为防止现场的管理人员和作业人员思想松懈、纪律放松等进行的安全检查。

（5）开工、复工安全检查。是指在工程项目开工和复工之前进行安全检查，主要检查施工现场的生产条件是否安全。

（6）专业性安全检查。是指由专业人员对现场的某一项专业安全问题或在施工生产过程中存在某一系统性的安全问题进行检查。这种专业性检查，主要由专业工程技术人员和专业安全管理人员进行。

（7）设备设施安全验收检查。对现场塔式起重机等起重设备、外用施工电梯、龙门架及井架物料提升机、电气设备、脚手架、现浇混凝土模板支撑系统等设备设施在安装、搭设过程中或完成后进行的安全验收、检查。

2. 安全检查的主要内容

施工现场应重点检查施工过程中是否有违章指挥和违章作业现象，要做到主动测量，做好预防措施。检查后应编写安全检查报告，报告内容包括已达标项目、未达标项目、存在问题、原因分析、纠正和预防措施。

3. 安全检查的主要方法

建筑工程安全检查在正确使用安全检查表的基础上，可以采用"问""看""量""测""运转试验"等方法进行。

第三节　建筑工程文明施工管理

一、文明施工管理

（一）文明施工及其意义

所谓文明施工是指施工现场要保证作业环境、卫生环境以及工作秩序的良好。文明施工的工作内容，主要包括：

（1）对于施工现场的场容进行规范，保持作业环境的整洁与卫生。

（2）对于施工科学进行组织，促使生产有序进行。

（3）尽量避免因施工对于周围居民以及环境造成影响。

（4）力求使职工的安全和身体健康得到保障。

文明施工的意义主要包括：

（1）文明施工有利于提高企业的综合管理水平。要保持良好的作业环境以及秩序，有利于安全生产的促进、施工进度的加快、工程质量的保证、工程成本的降低、经济和社会效益的提高。

（2）文明施工涉及人、财、物等各个方面，其贯穿施工的每一个环节，具体体现了企业在工程项目施工现场的综合管理水平。

（3）文明施工有利于适应现代化施工的客观要求。要想实现施工的现代化，就需要在施工的过程中采用先进的技术、工艺、材料、设备和科学的施工方案，此外，还需要保证组织的严密性、要求的严格性、管理的标准化以及职工素质的良好性等。

（4）文明施工能够与现代化的施工要求相适应，是实现优质、高效、低耗、安全、清洁、卫生等施工要求的有效手段。

（5）文明施工是企业形象的代表。良好的施工环境和施工秩序，可以得到更为广泛的社会支持和信赖，进而有助于企业的知名度与市场竞争力的提升。

（6）文明施工有利于保障员工的身心健康，有利于施工队伍整体素质的培养以及提高。文明施工有助于职工队伍的文化、技术以及思想素质的提升，有助于培养员工的尊重科学、遵守纪律、团结协作的大生产意识，进而有助于建设企业精神文明，在很大程度上使施工队伍整体素质得到提高。

（二）文明施工的组织与管理

文明施工需要与之相对应的组织以及管理，其中主要涉及文明施工的组织和制度管理、文明施工资料的管理以及文明施工的宣传和教育等。

1. 组织和制度管理

总承包单位承担着制定统一文明施工管理制度的任务。分包单位要遵从总承包单位的文明施工管理组织的统一管理，并且接受其监督。施工现场应该成立文明施工管理组织，该组织的第一责任人是项目经理。

各个施工现场的管理制度应该有文明施工的规定。主要涉及个人岗位责任制、经济责任制、安全检查制度、持证上岗制度、奖惩制度、竞赛制度以及各项专业管理制度等。

为了进一步提高施工文明管理工作，应该加强对于现场文明检查、考核及奖惩管理，并将其落到实处。检查范围以及内容应该做到全面周到，主要涉及生产区、生活区、场容场貌、环境文明及制度落实等，对其进行检查，并且及时发现问题，还需要采取有针对性的整改措施。

2. 文明施工资料的管理

要对于文明施工的相关资料进行收集与保存，这些都应该在相关的规定下进行，具体来看，主要涉及：

（1）上级关于文明施工的标准、规定、法律法规等资料。

（2）施工组织设计（方案）过程当中对质量、安全、保卫、消防、环境保护技术措施和对文明施工、环境卫生、材料节约等的管理规定，并有施工各阶段施工现场的平面布置图和季节性施工方案以及各阶段施工现场文明施工的措施等。

（3）文明施工自检资料。

（4）文明施工教育、培训、考核计划的资料。

（5）文明施工活动各项记录资料。

3. 加强文明施工的宣传和教育

基于岗位练兵的原则，狠抓教育工作，主要可以借助的方法包括派出去、请进来、短期培训、上技术课、登黑板报、听广播、看录像以及看电视等。

对于临时工的岗前教育要引起高度重视。

作为专业的管理人员，应该熟悉掌握文明施工的规定。

二、施工现场文明施工措施

(一) 现场围挡

现场围挡可以采用实体围墙，或用轻质彩铝板隔断，围挡高度设定在 2.5m，轻质彩铝板隔断把现场全封闭式围挡起来。

(二) 封闭管理

施工现场应在出口处设置大门、门卫室，严格执行门卫制度，进入施工现场需要佩戴工作卡。项目管理人员要统一着装，举止文明、礼貌待人，严禁粗话、野话。在门头的位置要设置企业的标识。

(三) 施工现场

施工现场要确保主干道的通畅，并且保证其视野的开阔与良好；地面要采用硬化地面；施工现场的其他路面也需要采用硬化路面，如其他道路、搅拌区、加工区、办公生活区等。

在施工现场的主干道两侧、建筑物的周围、搅拌区、加工区以及办公区等需要设置排水沟，要保障排水沟之间的贯通性，在排水沟的出口处应设置沉淀池，使污水、废水在经过沉淀、过滤之后再排到市政管道当中。

在施工现场需要设置专门的吸烟处，严禁在施工现场吸烟。在施工现场的入口处、办公生活区以及其他地方可以进行适当的绿化，可以设置一些花坛、绿地等。

(四) 材料堆放

在施工现场所有的料具都需要依据平面图规划，分区域、分规格码放整齐，并且插牌标示，大型工具一头见齐，钢筋需要垫起来，严禁出现各种料具乱堆乱放的现象。

基于明确的区域分项责任制对于施工现场进行管理，整个现场需要时刻保持干净与整洁。落地灰粉碎过筛之后需要及时回收使用。要将工程垃圾堆放整齐，分类标识，集中保管，禁止乱扔乱放；要定时将工程垃圾清理运输出去；要保证楼层、道路以及建筑物周围没有散落的混凝土和砂浆、碎砖等杂物；施工作业层要力求做到日做日清，完一层净一层。

水泥库需要高于地面 20cm，之后做防潮层，水泥地面压光。在施工现场，应该设有危险品库，将易燃、易爆的物品分类单独存放在里面。

（五）现场防火

在施工现场，需要有一定的消防制度，并具有相应的消防措施，需要建立自上而下的防火组织，成立消防小组，要做到有训练、会报警、能扑救。

要按照规定对消防器材进行合理配置，保证其齐全有效，并安排专人对其进行管理，严禁挪作他用。

进行明火作业需要有审批手续，操作人员需要具备消防器材专业培训证，有动火监护措施以及防范措施。要尽力消除一切火灾隐患，危险品库要与防火规定相符合，易燃易爆物品的存放要合理；木工棚内碎木屑、锯末要随时进行清理。

（六）治安综合治理

在项目工地可以设置俱乐部和会议学习室，其中俱乐部需要设置专人进行管理。有治安保卫制度和责任分解。护场人员需要做到坚守岗位、加强防范，对自行车的存放集中管理，办公室要做到随手关门、锁门，对微机、水平仪以及经纬仪等贵重仪器要妥善保管。

（七）施工现场标牌

在施工现场一进门的地方设置五牌一图。需要根据施工阶段对于施工现场平面图进行及时调整，做到内容标注齐全、布置合理。一般情况下，五牌一图为白底黑字，其规格为 $2m×2m$。

在施工现场要悬挂标语，内容涉及企业的承诺、企业的质量方针以及安全警示等。

在会议室中可悬挂荣誉展牌，各项管理制度、集团规范化服务达标标准、职业道德规范要做到明示上墙。要保证办公室清洁与整齐，文件图纸要归类存放。要在生活区设置宣传栏、读报栏以及黑板报。

（八）生活设施

要在施工现场设置冲水厕所以及淋浴间，保证里面有热水淋浴器，排水顺畅、干净整齐。设置食堂，保证食堂符合卫生管理制度，炊事员要做到执证上岗，食堂卫生需要符合要求，要保证饮用水的卫生合格。食堂要配备齐全的灶具、炊具以及调料，要勤对室内进行打扫，使得环境卫生得以保证。要配备专职人员对生活垃圾进行处理，保证清理的及时性。要配备自行车棚，要做到防雨、防晒、安全可靠。

（九）保健急救

在施工现场需要设置急救箱，备有一定的急救器材，并且懂得必要的急救措施，医务人员要有规律地进行巡回医疗，大力开展相关的宣传活动，对于相关急救人员进行培训。

（十）社区服务

在施工作业区以及加工区要设置相关的防尘、防噪设施。需要在审批通过的前提下进行夜间施工。严禁在施工现场对有毒、有害物质进行焚烧。力求做到施工不扰民，并且采用一定的措施。

第八章 基于 BIM 技术的现代建筑施工技术管理

第一节 BIM 技术概述

一、BIM 技术的概念

目前，国内外关于 BIM 的定义或解释有多种版本，以下介绍几种常用的 BIM 定义：

（1）麦克格劳·希尔集团的定义。麦克格劳·希尔集团在 2009 年的一份 BIM 市场报告中将 BIM 定义为："BIM 是利用数字模型对项目进行设计、施工和运营的过程。"

（2）美国国家 BIM 标准的定义。美国国家 BIM 标准（NBIMS）对 BIM 的含义进行了 4 个层面的解释：BIM 是一个设施（建设项目）物理和功能特性的数字表达；一个共享的知识资源；一个分享有关这个设施的信息，为该设施从概念到拆除的全生命周期中的所有决策提供可靠依据的过程；在项目不同阶段，不同利益相关方通过在 BIM 中插入、提取、更新和修改信息，以支持和反映其各自职责的协同作业。

（3）国际标准组织设施信息委员会的定义。国际标准组织设施信息委员会将 BIM 定义为："BIM 是利用开放的行业标准，对设施的物理和功能特性及其相关的项目生命周期信息进行数字化形式的表现，从而为项目决策提供支持，有利于更好地实现项目的价值。"在其补充说明中强调，BIM 将所有的相关方面集成在一个连贯有序的数据组织中，相关的应用软件在被许可的情况下可以获取、修改或增加数据。

根据以上 3 种对 BIM 的定义、相关文献及资料，可将 BIM 的含义总结为：

（1）BIM 是以三维数字技术为基础，集成了建筑工程项目各种相关信息的工程数据模型，是对工程项目设施实体与功能特性的数字化表达。

（2）BIM 是一个完善的信息模型，能够连接建筑项目生命周期不同阶段的数据、过程和资源，是对工程对象的完整描述，提供可自动计算、查询、组合拆分的实时工程数据，可被建设项目各参与方普遍使用。

（3）BIM 具有单一工程数据源，可解决分布式、异构工程数据之间的一致性和全局共享问题，支持建设项目生命周期中动态的工程信息创建、管理和共享，是项目实时的共享数据平台。

二、BIM 技术的特点

（一）信息完备性

除了对工程对象进行 3D 几何信息和拓扑关系的描述，还包括完整的工程信息描述，如对象名称、结构类型、建筑材料、工程性能等设计信息；施工程库、进度、成本、质量以及人力、机械、材料资源等施工信息；工程安全性能、材料耐久性能等维护信息；对象之间的工程逻辑关系等。

（二）信息关联性

信息模型中的对象是可识别且相互关联的，系统能够对模型的信息进行统计和分析，并生成相应的图形和文档。如果模型中的某个对象发生变化，与之关联的所有对象都会随之更新，以保持模型的完整性。

（三）信息一致性

在建筑生命周期的不同阶段模型信息是一致的，同一信息无须重复输入，而且信息模型能够自动演化，模型对象在不同阶段可以简单地进行修改和扩展而无须重新创建，避免了信息不一致的错误。

（四）可视化

BIM 提供了可视化的思路，让以往在图纸上线条式的构件变成一种三维的立体实物形式展示在人们的面前。BIM 的可视化是一种能够将构件之间形成互动性的可视，可以用作展示效果图及生成报表。更具应用价值的是，在项目设计、建造、运营过程中，各过程的 BIM 通过讨论、决策都能在可视化的状态下进行。

（五）协调性

在设计时，由于各专业设计师之间的沟通不到位，往往会出现施工中各种专业之间的碰撞问题，例如结构设计的梁等构件在施工中妨碍暖通等专业中的管道布置等。BIM 建筑信息模型可在建筑物建造前期将各专业模型汇集在一个整体中，进行碰撞检查，并生成碰撞检测报告及协调数据。

（六）模拟性

BIM 不仅可以模拟设计出建筑物模型，还可以模拟难以在真实世界中进行操作的事物，具体表现为：

（1）在设计阶段，可以对设计上所需数据进行模拟试验，例如节能模拟、日照模拟、热能传导模拟等。

（2）在招投标及施工阶段，可以进行 4D 模拟（3D 模型中加入项目的发展时间），根据施工的组织设计来模拟实际施工，从而确定合理的施工方案；还可以进行 5D 模拟（4D 模型中加入造价控制），从而实现成本控制。

（3）后期运营阶段，可以对突发紧急情况的处理方式进行模拟，例如模拟地震中人员逃生及火灾现场人员疏散等。

（七）优化性

整个设计、施工、运营的过程，其实就是一个不断优化的过程，没有准确的信息是做不出成果的。BIM 模型提供了建筑物存在的实际信息，包括几何信息、物理信息等，还提供了建筑物变化以后的实际存在信息。BIM 及与其配套的各种优化工具提供了项目进行优化的可能，把项目设计和投资回报分析结合起来，计算出设计变化对投资回报的影响，使得业主明确哪种项目设计方案更有利于自身的需求；对设计施工方案进行优化，可以显著地缩短工期和降低造价。

（八）可出图性

BIM 可以自动生成常用的建筑设计图纸及构件加工图纸。通过对建筑物进行可视化展示、协调、模拟及优化，可以帮助业主生成消除了碰撞点、优化后的综合管线图，生成综合结构预留洞图、碰撞检查侦错报告及改进方案等。

第二节 BIM 模型建立与维护

在建设项目中，需要记录和处理大量的图形和文字信息。传统的数据集成是以二维图纸和书面文字进行记录的，但引入 BIM 技术后，可以将原本的二维图形和书面信息进行集中收录与管理。在 BIM 中 "I" 为 BIM 的核心理念，也就是 "Information"，它将工程中庞杂的数据进行了行之有效的分类与归总，使工程建设变得顺利，减少和消除了工程中出现的问题。

但需要强调的是，在 BIM 的应用中，模型是信息的载体，没有模型的信息是不能反映工程项目的内容的。所以在 BIM 中 "M"（Modeling）也具有相当的价值，应受到相应的重视。BIM 的模型建立的优劣，会对将要实施的项目在进度、质量上产生很大的影响。BIM 是贯穿整个建筑全生命周期的，在初始阶段的问题，将会被一直延续到工程的结束。同时，失去模型这个信息的载体，数据本身的实用性与可信度将会大打折扣。所以，在建立 BIM 模型之前一定要建立完备的流程，并在项目进行的过程中，对模型进行相应的维护，以确保建设项目能安全、准确、高效地进行。

在工程开始阶段，由设计单位向总承包单位提供设计图纸、设备信息和 BIM 创建所需数据，总承包单位对图纸进行仔细核对和完善，并建立 BIM 模型。在完成根据图纸建立的初步 BIM 模型后，总承包单位应组织设计和业主代表召开 BIM 模型及相关资料法人交接会，对设计提供的数据进行核对，并根据设计和业主的补充信息，完善 BIM 模型。在整个 BIM 模型创建及项目运行期间，总承包单位将严格遵循经建设单位批准的 BIM 文件命名规则。

在施工阶段，总承包单位负责对 BIM 模型进行维护、实时更新，确保 BIM 模型中的信息正确无误，保证施工顺利进行。模型的维护主要包括以下几个方面：根据施工过程中的设计变更及深化设计，及时修改、完善 BIM 模型；根据施工现场的实际进度，及时修改、更新 BIM 模型；根据业主对工期节点的要求，上报业主与施工进度和设计变更相一致的 BIM 模型。

在 BIM 模型创建及维护的过程中，应保证 BIM 数据的安全性。建议采用以下数据安全管理措施：BIM 小组采用独立的内部局域网，阻断与互联网的连接；局域网内部采用真实身份验证，非 BIM 工作组成员无法登录该局域网，进而无法访问网站数据；BIM 小组进行严格分工，数据存储按照分工和不同用户等级设定访问和修改权限；全部 BIM 数据进行加密，设置内部交流平台，对平台数据进行加密，防止信息外漏；BIM 工作组的电脑全部安装密码锁进行保护，BIM 工作组单独安排办公室，无关人员不能入内。

第三节　基于 BIM 的虚拟施工管理

通过 BIM 技术结合施工方案、施工模拟和现场视频监测进行基于 BIM 技术的虚拟施工，其施工本身不消耗施工资源，却可以根据可视化效果看到并了解施工的过程和结果，可以较大程度地降低返工成本和管理成本，降低风险，增强管理者对施工过程的控制能力。建模的过程就是虚拟施工的过程，是先试后建的过程。施工过程的顺利实施是在有效的施工方案指导下进行的，施工方案的制订主要是根据项目经理、项目总工程师及项目部的经验，施工方案的可行性一直受到业界的关注，由于建筑产品的单一性和不可重复性，施工方案具有不可重复性。一般情况，当某个工程即将结束时，一套完整的施工方案才展现于面前。虚拟施工技术不仅可以检测和比较施工方案，还可以优化施工方案。

一、虚拟施工管理优势

基于 BIM 的虚拟施工管理能够达到以下目标：创建、分析和优化施工进度；

针对具体项目分析将要使用的施工方法的可行性；通过模拟可视化的施工过程，提早发现施工问题，消除施工隐患；形象化的交流工具，使项目参与者能更好地理解项目范围，提供形象的工作操作说明或技术交底；可以更加有效地管理设计变更；全新的试错、纠错概念和方法。不仅如此，虚拟施工过程中建立好的 BIM 模型可以作为二次植入开发的模型基础，大大提高三维渲染效果的精度与效率，可以给业主更为直观的宣传介绍，也可以进一步为房地产公司开发出虚拟样板间等延伸应用。虚拟施工给项目管理带来的好处可以总结为以下三点。

（一）施工方法可视化

虚拟施工使施工变得可视化，可随时随地直观快速地将施工计划与实际进展进行对比，同时进行有效的协同，使施工方、监理方，甚至非工程行业出身的业主领导都对工程项目的各种情况了如指掌。施工过程的可视化，使 BIM 成为一个便于施工方参与各方交流的沟通平台。

通过这种可视化的模拟可以缩短现场工作人员熟悉项目施工内容、方法的时间，减少人员在工程施工初期因为错误施工导致的时间和成本的浪费，还可以加快、加深对工程参与人员培训的速度及深度，真正做到质量、安全、进度、成本管理和控制的人人参与。

5D 全真模型平台虚拟原型工程施工，对施工过程进行可视化的模拟，包括工程设计、现场环境和资源使用状况，具有更高的可预见性，将改变传统的施工计划、组织模式。施工方法的可视化可使所有项目参与者在施工前就能清楚地知道所有施工内容以及自己的工作职责，能促进施工过程中的有效交流。它是目前用于评估施工方法、发现施工问题、评估施工风险的最简单、经济、安全的方法。

（二）施工方法可验证

BIM 技术能全真模拟运行整个施工过程，项目管理人员、工程技术人员和施工人员可以了解每一步施工活动。如果发现问题，工程技术人员和施工人员可以提出新的施工方法，并对新的施工方法进行模拟来验证，即判断施工过程，它能在工程施工前识别绝大多数的施工风险和问题，并有效地解决。

（三）施工组织可控制

施工组织是对施工活动实行科学管理的重要手段，它决定了各阶段的施工准备工作内容，并协调施工过程中各施工单位、各施工工种以及各项资源之间的相互关系。BIM 可以对施工的重点或难点部分进行可见性模拟，按网络光标进行施工方案的分析和优化。可对一些重要的施工环节或采用施工工艺的关键部位、施工现场平面布置等施工指导措施进行模拟和分析,以提高计划的可执行性。利用 BIM 技术结合施工组织设计进行电脑预演,可以提高复杂建筑体系的可施工性。借助 BIM 对施工组织的模拟,项目管理者能非常直观地理解间隔施工过程的时间节点和关键工序情况,并清晰地把握在施工过程中的难点和要点,也可以进一步对施工方案进行优化完善,以提高施工效率和施工方案的安全性。可视化模型输出的施工图片,可作为可视化的工作操作说明或技术交底分发给施工人员,用于指导现场的施工,方便现场的施工管理人员对照图纸进行施工指导和现场管理。

二、BIM 虚拟施工具体应用

采用 BIM 进行虚拟施工,需要事先确定以下信息:

(1) 设计和现场施工环境的五维模型;

(2) 根据构件选择施工机械及机械的运行方式;

(3) 确定施工的方式和顺序;

(4) 确定所需临时设施及安装位置。

BIM 在虚拟施工管理中的应用主要有场地布置方案、专项施工方案、关键工艺展示、施工模拟 (土建主体及钢结构部分)和装修效果模拟等。

(一) 场地布置方案

为使现场使用合理,施工平面布置应有条理,尽量减少占用施工用地,使平面布置紧凑合理,同时做到场容整齐清洁,道路畅通,符合防火安全及文明施工的要求,施工过程中应避免多个工种在同一场地、同一区域而相互牵制、相互干扰。施工现场应设专人负责管理,使各项材料、机具等按已审定的现场施工平面布置图的位置摆放。

基于建立的 BIM 三维模型及搭建的各种临时设施,可以对施工场地进行布置,合理安排塔吊、库房、加工厂地和生活区等的位置,解决现场施工场地划分问题;通过与业主的可视化沟通协调,对施工场地进行优化,选择最优施工路线。

(二) 专项施工方案

通过 BIM 技术指导编制专项施工方案,可以直观地对复杂工序进行分析,将复杂部位简单化、透明化,提前模拟方案编制后的现场施工状态,对现场可能存在的危险源、安全隐患、消防隐患等提前排查,对专项方案的施工工序进行合理排布,有利于方案的专项性、合理性。

(三) 关键工艺展示

对于工程施工的关键部位,如预应力钢结构的关键构件及部位,其安装相对复杂，因此合理的安装方案非常重要。正确的安装方法能够省时省费用，传统方法只有工程实施时才能得到验证，这就可能造成二次返工等问题。同时，传统方法是施工人员在完全领会设计意图之后，再传达给建筑工人，相对专业性的术语及步骤对于工人来说难以完全领会。基于 BIM 技术，能够提前对重要部位的安装进行动态展示，提供施工方案讨论和技术交流的虚拟现实信息。

（四）土建主体结构施工模拟

根据拟定的最优施工现场布置和最优施工方案，可以将由项目管理软件如 Project 编制的施工进度计划与施工现场 3D 模型集成一体，引入时间维度，能够完成对工程主体结构施工过程的 4D 施工模拟。通过 4D 施工模拟，可以使设备材料进场、劳动力配置、机械排班等各项工作安排得更加经济合理，从而加强对施工进度、施工质量的控制。针对主体结构施工过程，可以利用已完成的 BIM 模型进行动态施工方案模拟，展示重要施工环节动画，对比分析不同施工方案的可行性；能够对施工方案进行分析，并听从指令对施工方案进行动态调整。

第四节　基于 BIM 的进度管理

一、进度管理的内涵

工程建设项目的进度管理是指对工程项目各建设阶段的工作内容、工作程序、持续时间和逻辑关系制定计划，将该计划付诸实施。在实施过程中要经常检查实际进度是否按计划要求进行，对出现的偏差分析原因，采取补救措施或调整、修改原计划，直至工程竣工后交付使用。进度管理的最终目的是确保进度目标的实现。工程建设监理进行的进度管理是指为使项目按计划要求的时间进行而开展的有关监督管理活动。施工进度管理在项目整体控制中起着至关重要的作用，主要体现在：

（1）进度决定着总财务成本。什么时间可销售，多长时间可开盘销售，对整个项目的财务总成本影响最大。一个投资 100 亿元的项目，一天的财务成本大约是 300 万元，延迟一天交付、延迟一天销售，开发商即将面对巨额的损耗。更快的资金周转和资金效率是当前各地产公司最为在意的地方。

（2）交付合同约束。交房协议有交付日期，不交付将影响信誉和延迟交付罚款。

（3）运营效率与竞争力问题。多少人管理运营一个项目，多长时间完成一个项目，资金周转速度，是开发商的重要竞争力之一，也是承包商的关键竞争力。提升项目管理效率不只是成本问题，更是企业重要竞争力之一。

二、进度管理影响因素

在实际工程项目进度管理过程中，虽然有详细的进度计划以及网络图、横道图等技术做支撑，但是"破网"事故仍时有发生，对整个项目的经济效益产生直接的影响。通过对事故进行调查，影响进度管理的主要原因有：

（1）建筑设计缺陷。首先，设计阶段的主要工作是完成施工所需图纸的设计，通常一个工程项目的整套图纸少则几十张，多则成百上千张，有时甚至数以万计，图纸所包含的数据庞大，而设计者和审图者的精力有限，存在错误是必然的；其次，项目各个专业的设计工作是独立完成的，导致各专业的二维图纸表现的内容在空间上很容易出现碰撞和矛盾。如果上述问题没有提前发现，直到施工阶段才显露出来，势必对工程项目的进度产生影响。

（2）施工进度计划编制不合理。工程项目进度计划的编制很大程度上依赖于项目管理者的经验，虽然有施工合同、进度目标、施工方案等客观条件的支撑，但是项目的唯一性和个人经验的主观性难免会使进度计划存在不合理之处，并且现行的编制方法和工具相对比较抽象，不易对进度计划进行检查，一旦计划出现问题，按照计划进行的施工过程必然会受到影响。

（3）现场人员的素质。随着施工技术的发展和新型施工机械的应用，工程项目施工过程越来越趋于机械化和自动化。但是，保证工程项目顺利完成的主要因素还是人，施工人员的素质是影响项目进度的一个主要方面。施工人员对施工图纸的理解、对施工工艺的熟悉程度和操作技能水平等因素都可能对项目能否按计划顺利完成产生影响。

（4）参与方沟通和衔接不畅。建设项目往往会消耗大量的财力和物力，如果没有一个详细的资金、材料使用计划是很难完成的。在项目施工过程中，由于专业不同，施工方与业主和供货商的信息沟通不充分、不彻底，业主的资金计划、供货商的材料供应计划与施工进度不匹配，同样也会造成工期的延误。

（5）施工环境影响。工程项目既受当地地质条件、气候特征等自然环境的影响，又受到交通设施、区域位置、供水供电等社会环境的影响。项目实施过程中任何不利的环境因素都有可能对项目进度产生严重影响。因此，必须在项目开始阶段就充分考虑环境因素的影响，并提出相应的应对措施。

三、我国建筑工程当前进度管理现状

传统的项目进度管理过程中事故频发，究其根本在于管理模式存在一定的缺陷，主要体现在：

（1）二维 CAD 设计图形象性差。二维三视图作为一种基本表现手法，将现实中的三维建筑用二维的平、立、侧三视图表达。虽然 CAD 技术的应用，用电脑屏幕、鼠标、键盘代替了画图板、铅笔、直尺、圆规等手工工具，大大提高了出图效率。但是由于二维图纸的表达形式与人们现实中的习惯维度不同，所以要看懂二维图纸存在一定困难，需要通过专业的学习和长时间的训练才能读懂图纸。同时，随着人们对建筑外观美观度的要求越来越高，以及建筑设计行业自身的发展，异形曲面的应用更加频繁，如悉尼歌剧院、国家大剧院、鸟巢等外形奇特、结构复杂的建筑物越来越多。即使设计师能够完成图纸，对图纸的认识和理解也仍有难度。另外，二维 CAD 设计可视性不强，使设计师无法有效检查自己的设计效果，很难保证设计质量，并且对设计师与建造师之间的沟通形成障碍。

（2）网络计划抽象，往往难以理解和执行。网络计划图是工程项目进度管理的主要工具，也有其缺陷和局限性。首先，网络计划图计算复杂，理解困难，只适合于行业内部使用，不适于与外界沟通和交流；其次，网络计划图表达抽象，不能直观地展示项目的计划进度过程，也不方便进行项目实际进度的跟踪；再次，网络计划图要求项目工作分解细致，逻辑关系准确，这些都依赖于个人的主观经验，实际操作中往往会出现各种问题，很难做到完全一致。

（3）二维图纸不方便各专业之间的协调沟通。二维图纸由于受可视化程度的限制，使得各专业之间的工作相对分离。无论是在设计阶段还是在施工阶段，都很难对工程项目进行整体性表达。各专业单独工作或许十分顺利，但是在各专业协同作业时往往就会产生碰撞和矛盾，给整个项目的顺利完成带来困难。

（4）传统方法不利于规范化和精细化管理。随着项目管理技术的不断发展，规范化和精细化管理是形势所趋。但是传统的进度管理方法很大程度上依赖于项目管理者的经验，很难形成一种标准化和规范化的管理模式。这种经验化的管理方法受主观因素的影响很大，直接影响施工的规范化和精细化管理。

四、基于 BIM 技术进度管理优势

BIM 技术的引入，可以突破二维的限制，给项目进度管理带来不同的体验，主要体现在：

（1）提升全过程协同效率。基于 3D 的 BIM 沟通语言，简单易懂、可视化好，大大加快沟通效率，减少理解不一致的情况；基于互联网的 BIM 技术能够建立起强大高效的协同平台，所有参建单位在授权的情况下，可随时、随地获得项目最新、最准确、最完整的工程数据，从过去点对点传递信息转变为一对多传递信息，效率提升，图纸信息版本完全一致，从而减少传递时间的损失和版本不一致导致的施工失误；通过 BIM 软件系统的计算，减少沟通协调的问题。传统靠人脑计算 3D 关系的工程问题探讨，容易产生人为的错误，BIM 技术可减少大量问题，同时也减少协同的时间投入。另外，现场结合 BIM、移动智能终端拍照，也大大提升了现场问题沟通效率。

（2）加快设计进度。从表面上来看，BIM 设计减慢了设计进度。产生这样的结论的原因，一是现阶段设计用的 BIM 软件确实生产率不够高，二是当前设计院交付质量较低。但实际情况表明，使用 BIM 设计虽然增加了时间，但交付成果质量却有明显提升，在施工以前解决了更多问题，推送给施工阶段的问题大大减少，这对总体进度而言是大大有利的。

（3）碰撞检测，减少变更和返工进度损失。BIM 技术强大的碰撞检查功能，十分有利于减少进度浪费。大量的专业冲突拖延了工程进度，不造成大量废弃工程、返工的同时，也造成了巨大的材料、人工浪费。当前的产业机制造成设计和施工分家，设计院为了效益，尽量降低设计工作的深度，交付成果很多是方案阶段成果，而不是最终施工图，里面充满了很多深入下去才能发现的问题，需要施工单位深化设计，由于施工单位技术水平有限。特别是当前三边工程较多的情况下，专业冲突十分普遍，返工现象常见。在中国当前的产业机制下，利用 BIM 系统实时跟进设计，第一时间发现问题，解决问题，带来的进度效益和其他效益是十分惊人的。

（4）加快招投标组织工作。设计基本完成，要组织一次高质量的招投标工作，编制高质量的工程量清单要耗时数月。一个质量低下的工程量清单将导致业主方巨额的损失，利用不平衡报价很容易造成更高的结算价。利用基于 BIM 技术的算量软件系统，大大加快计算速度和计算准确性，加快招标阶段的准备工作，同时提升招标工程量清单的质量。

（5）加快支付审核。当前很多工程中，由于付款争议挫伤承包商积极性，影响到工程进度并非少见。业主方缓慢的支付审核往往引起与承包商合作关系的恶化，甚至影响承包商的积极性。业主方利用 BIM 技术的数据能力，快速校核反馈承包商的付款申请单，可以大大加快期中付款反馈机制，提升双方战略合作成果。

（6）加快生产计划、采购计划编制。工程中经常因生产计划、采购计划编制缓慢损失进度。急需的材料、设备不能按时进场，造成窝工，影响工期。BIM 可以改变这一切，随时随地获取准确数据变得非常容易，大大缩小制订生产计划、采购计划用时，加快进度，同时提高计划的准确性。

（7）加快竣工交付资料准备。基于 BIM 的工程实施方法，过程中所有资料可随时挂接到工程 BIM 数字模型中，竣工资料在竣工时即已形成。竣工 BIM 模型在运维阶段还将为业主方发挥巨大的作用。

（8）提升项目决策效率。传统的工程实施中，由于大量决策依据、数据不能及时完整地提交出来，决策被迫延迟，或决策失误造成工期损失的现象非常多见。实际情况中，只要工程信息数据充分，决策并不困难，难的往往是决策依据不足、数据不充分，有时导致领导难以决策，有时导致多方谈判长时间僵持，延误工程进展。BIM 通过形成工程项目的多维度结构化数据库，使整理分析数据几乎可以实时实现，完全没有了这方面的难题。

五、BIM 技术在进度管理中的具体应用

BIM 在工程项目进度管理中的应用体现在项目进行过程中的方方面面，下面仅对其关键应用点进行具体介绍。

（一）BIM 施工进度模拟

当前建筑工程项目管理中经常采用表示进度计划的甘特图，但由于专业性强，可视化程度低，无法清晰描述施工进度以及各种复杂关系，难以准确表达工程施工的动态变化过程。通过将 BIM 与施工进度计划相连接，将空间信息与时间信息整合在一个可视的 4D（3D+Time）模型中，不仅可以直观、精确地反映整个建筑的施工过程，还能够实时追踪当前的进度状态，分析影响进度的因素，协调各专业，制定应对措施，缩短工期、降低成本、提高质量。

目前常用的 4D>BIM 施工管理系统或施工进度模拟软件很多，利用此类管理系统或软件进行施工进度模拟大致分为以下步骤：

（1）将 BIM 模型进行材质赋予。

（2）制订 Project 计划。

（3）将 Project 文件与 BIM 模型连接。

（4）制定构件运动路径，并与时间连接。

（5）设置动画视点并输出施工模拟动画。

通过 4D 施工进度模拟，能够完成以下内容：

（1）基于 BIM 施工组织，对工程重点和难点部位进行分析，制定切实可行的对策。

（2）依据模型，确定方案、排定计划、划分流水段。

（3）BIM 施工进度利用季度卡来编制计划。

（4）将周和月结合在一起，假设后期需要任何时间段的计划，只需在这个计划中过滤一下即可自动生成。

（5）做到对现场的施工进度进行每日管理。

（二）BIM 施工安全与冲突分析系统

对时变结构和支撑体系的安全分析通过模型数据转换机制，自动由 4D 施工信息模型生成结构分析模型，进行施工期时变结构与支撑体系任意时间点的力学分析计算和安全性能评估。

施工过程进度、资源、成本的冲突分析通过动态展现各施工段的实际进度与

计划的对比关系，实现进度偏差和冲突分析及预警；指定任意日期，自动计算所需人力、材料、机械、成本，进行资源对比分析和预算；根据清单计价和实际进度计算实际费用，动态分析任意时间点的成本及其影响关系。

场地碰撞检测基于施工现场 4D 时间模型和碰撞检测算法，可对构件与管线、设施与结构进行动态碰撞检测和分析。

（三）BIM 建筑施工优化系统

建立进度管理软件 P3/P6 数据模型与离散事件优化模型的数据交换，基于施工优化信息模型，实现基于 BIM 和离散事件模拟的施工进度、资源以及场地优化和过程的模拟。

基于 BIM 和离散事件模拟的施工优化通过对各项工序的模拟计算，得出工序工期、人力、机械、场地等资源的占用情况，对施工工期、资源配置以及场地布置进行优化，实现多个施工方案的比选。

基于过程优化的 4D 施工过程模拟将 4D 施工管理与施工优化进行数据集成，可以实现基于过程优化的 4D 施工可视化模拟。

（四）三维技术交底及安装指导

由于有的施工人员文化水平不高，在大型复杂工程施工技术交底时，往往难以理解技术要求。

针对技术方案无法细化、不直观、交底不清晰的问题，解决方案是改变传统的思路与做法（通过纸介质表达），借助三维技术呈现技术方案，使施工重点、难点部位可视化，提前预见问题，确保工程质量，加快工程进度。三维技术交底即通过三维模型让施工人员直观地了解自己的工作范围及技术要求，主要方法有：

（1）虚拟施工和实际工程照片对比。

（2）将整个三维模型进行打印输出，用于指导现场的施工，方便现场的施工管理人员用图纸进行施工指导和现场管理。

对钢结构而言，关键节点的安装质量至关重要。安装质量不合格，轻者将影响结构受力形式，重者将导致整个结构的破坏。三维 BIM 模型可以提供关键构件的空间关系及安装形式，方便技术交底与施工人员深入了解设计意图。

（五）移动终端现场管理

采用无线移动终端、Web 及 RFID 等技术，全过程与 BIM 模型集成，实现数据库化、可视化管理，避免任何一个环节出现问题给施工和进度质量带来影响。

BIM 是从美国发展起来的，之后逐渐扩展到日本、欧洲、新加坡等发达国家，2002 年之后国内开始逐渐接触 BIM 技术和理念。从应用领域上看，国外已将 BIM 技术应用在建筑工程的设计、施工以及建成后的运营维护阶段；国内应用 BIM 技术的项目较少，大多集中在设计阶段，缺乏施工阶段的应用。BIM 技术发展缓慢直接影响其在进度管理中的应用，国内 BIM 技术在工程项目进度管理中的应用主要需要解决软件系统、应用标准和应用模式等方面的问题。目前，国内 BIM 应用软件多依靠国外引进，但类似软件不能满足国内的规范和标准要求，必须研发具有自主知识产权的相关软件或系统，如基于 BIM 的 4D 进度管理系统，才能更好地推动 BIM 技术在国内工程项目进度管理中的应用，提升进度管理效率和项目管理水平。缺乏 BIM 标准是阻碍 BIM 技术功能发挥的主要原因之一，国内应该加大 BIM 技术在行业协会、大专院校和科研院所的研究力度，相关政府部门应给予更多的支持。另外，目前常用的项目管理模式阻碍 BIM 技术效益的充分发挥，应该推动与 BIM 相适应的管理模式应用，如综合项目交付模式，把业主方、设计方、总承包商和分包商集合在一起，充分发挥 BIM 技术在建筑工程全生命周期内的效益。

第五节　基于 BIM 的物料管理

一、物料管理概念

传统材料管理模式就是企业或者项目部根据施工现场实际情况制定相应的材料管理制度和流程，这个流程主要是依靠施工现场的材料员、保管员及施工员来完成。施工现场的固定性和庞大性，决定了施工现场材料管理具有周期长、种类繁多、保管方式复杂及特殊的性质。传统材料管理存在核算不准确、材料申报审核不严格、变更签证手续办理不及时等问题，造成大量材料现场积压、占用大量资金、停工待料、工程成本上涨。

二、BIM 技术物料管理具体应用

基于 BIM 的物料管理通过建立安装材料 BIM 模型数据库，使项目部各岗位人员对不同部门都可以进行数据查询和分析，为项目部材料管理和决策提供数据支撑。例如项目部拿到机电安装各专业施工蓝图后，由 BIM 项目经理组织各专业机电 BIM 工程师进行三维建模，并将各专业模型组合到一起，形成安装材料 BIM 模型数据库。该数据库以创建的 BIM 机电模型和全过程造价数据为基础，把原来分散在安装各专业人员手中的工程信息模型汇总到一起，形成一个汇总的项目级基础数据库。

（一）安装材料分类控制

材料的合理分类是材料管理的一项重要基础工作，安装材料 BIM 模型数据库的最大优势是包含材料的全部属性信息。在进行数据建模时，各专业建模人员可对施工使用的各种材料属性，按其需用量的大小、占用资金多少及重要程度进行"星级"分类，星级越高代表该材料需用量越大、占用资金越多。

（二）用料交底

BIM 与传统 CAD 相比，具有可视化的显著特点。在设备、电气、管道、通风空调等安装专业三维建模并碰撞后，BIM 项目经理应组织各专业 BIM 项目工程师进行综合优化，提前消除施工过程中各专业可能遇到的碰撞。项目核算员、材料员、施工员等管理人员应熟读施工图纸、透彻理解 BIM 三维模型、吃透设计思想，并按施工规范要求向施工班组进行技术交底，将 BIM 模型中用料意图灌输给班组，用 BIM 三维图、CAD 图纸或者表格下料单等书面形式做好用料交底，防止班组"长料短用、整料零用"，做到物尽其用，减少浪费及边角料，把材料消耗降到最低限度。

（三）物资材料管理

施工现场材料的浪费、积压等现象司空见惯，安装材料的精细化管理一直是项目管理的难题。运用 BIM 模型，结合施工程序及工程形象进度周密安排材料采购计划，不仅能保证工期与施工的连续性，而且能用好用活流动资金、降低库存、减少材料二次搬运。同时，材料员可以根据工程实际进度，方便地提取施工各阶段材料用量，在下达施工任务书中，附上完成该项施工任务的限额领料单，作为发料部门的控制依据，实行对各班组限额发料，防止错发多发、漏发等无计划用料，从源头上做到材料的有的放矢，减少施工班组对材料的浪费。

（四）材料变更清单

工程设计变更和增加签证在项目施工中经常发生。项目经理部在接收工程变更通知书执行前，应有因变更造成材料积压的处理意见，原则上要由业主收购。否则，处理不当就会造成材料积压，无端地增加材料成本。BIM 模型在动态维护工程中，可以及时地将变更图纸进行三维建模，将变更发生的材料、人工等费用准确、及时地计算出来，便于办理变更签证手续，保证工程变更签证的有效性。

参 考 文 献

[1] 白洪彬. 工程上几种常用的混凝土 [J]. 科技视界, 2015 (29)：212, 275.

[2] 曹文瑶. 浅谈建筑工程施工中深基坑支护的施工技术管理策略 [J]. 科技创新导报, 2019 (16)：184-185.

[3] 曹雄伟. 试分析建筑工程施工中深基坑支护的施工技术管理 [J]. 绿色环保建材, 2016 (9)：86.

[4] 陈春燕. 水坝施工技术问题的处理 [J]. 四川水泥, 2017 (2)：207.

[5] 初艳鲲. 探讨建筑中混凝土的施工技术 [J]. 城市建筑, 2013 (2)：38-39.

[6] 崔文卿. 论建筑工程现场施工管理 [J]. 中外企业家, 2015 (26)：26-27.

[7] 邓新业. 刍议建筑工程施工中深基坑支护的施工技术管理 [J]. 居舍, 2019 (21)：79-80.

[8] 郭自灿. 基于 BIM 技术提高建筑工程管理效率的有效途径探索 [J]. 城市建设理论研究 (电子版), 2017 (4)：164-165.

[9] 侯平. 建筑工程施工中深基坑支护的施工技术管理 [J]. 城市建设理论研究 (电子版), 2018 (36)：38.

[10] 黄其虎. 浅论建筑工程施工技术问题与控制措施 [J]. 建材与装饰, 2016 (53)：15-16.

[11] 纪旭. 浅析建筑工程施工技术问题与控制措施 [J]. 科技风, 2017 (15)：87.

[12] 蒋立露. 有关建筑工程施工技术及其现场施工管理的研究 [J]. 江西建材, 2017 (17)：101-102.

[13] 金文兴, 李国庆. 防止预拌混凝土裂缝的技术措施 [J]. 江苏建材, 2001 (3)：26-28.

[14] 荆智辉. 浅议土木工程混凝土技术的应用 [J]. 城市建设理论研究 (电子版), 2017 (12)：184-185.

[15] 李春华, 张恒. 关于建筑工程中深基坑施工技术管理对策探讨 [J]. 黑龙江科技信息, 2017 (4)：251.

[16] 李雁峰. 建筑工程施工中深基坑支护的施工技术管理研究 [J]. 工程技术研究, 2019 (3)：143-144.

[17] 李昭夏, 卞贝, 刘洁凝, 等. BIM 在工程施工管理中的应用 [J]. 山西建筑, 2017 (27)：65-66.

[18] 练军. 公路路面施工技术问题及措施 [J]. 低碳世界, 2017 (23)：225-226.

[19] 刘春雨. 关于钢管混凝土系杆拱桥施工技术问题探讨 [J]. 四川水泥, 2017 (8)：135.

[20] 刘锦盛. 关于路桥施工混凝土裂缝问题及其控制的探析 [J]. 建材与装饰, 2016 (28)：9-10.

[21] 刘月君, 张青林, 胡绍兰. 浅析 BIM 技术对我国建筑业的影响 [J]. 河北建筑工程学院学报, 2014 (4)：48-51.

[22] 娄月, 高海宾. 地铁盾构施工技术问题分析 [J]. 城市建设理论研究 (电子版), 2017 (4)：221-222.

[23] 陆玺昱. 论述 BIM 在建筑设计中的应用 [J]. 门窗, 2017 (5)：38-39.

[24] 路朝凤. 建筑工程施工中深基坑支护的施工技术管理 [J]. 建材与装饰, 2016 (39):
 32-33.

[25] 马明利. 建筑工程施工技术及现场施工管理探究 [J]. 现代物业 (中旬刊), 2019 (6):
 52, 55.

[26] 倪文龙. 深基坑工程的施工技术管理研究 [J]. 居业, 2015 (20): 65-66.

[27] 聂强. 建筑工程施工技术和其现场施工管理剖析 [J]. 科技资讯, 2015 (31): 88-89.

[28] 彭贞. 建筑工程施工技术及其现场施工管理探讨 [J]. 建材与装饰, 2017 (33):
 115-116.

[29] 乔慧婷. 浅谈 BIM 技术在电力工程造价中的应用 [J]. 低碳世界, 2016 (32): 23-24.

[30] 阮雁敏. 有关排水管道施工技术问题及其解决方案 [J]. 中外企业家, 2016 (33):
 220-221.

[31] 石德刚. 房建施工中混凝土技术应用探讨 [J]. 建材与装饰, 2016 (39): 62-63.

[32] 田书贵. 公路桥梁基础设计与施工技术问题的分析 [J]. 居舍, 2019 (27): 1.

[33] 王建午. 浅析 BIM 在建筑设计中的应用 [J]. 建设科技, 2017 (13): 82-83.

[34] 王鑫云, 王金光. 建筑工程施工技术及其现场施工管理解析 [J]. 建材与装饰, 2016
 (13): 92-93.

[35] 王志福. 浅析建筑工程中混凝土的施工技术 [J]. 科技创新导报, 2011 (26): 56-57.

[36] 王志豪. 建筑工程现场施工管理与质量控制要点探究 [J]. 居业, 2016 (2): 108-109.

[37] 吴根大. 建筑工程施工中深基坑支护的施工技术管理 [J]. 建材与装饰, 2018 (32):
 62-63.

[38] 吴峥. 浅析水利工程中的混凝土施工技术要点 [J]. 科技创新与应用, 2014 (2):
 75-76.

[39] 夏阳. 建筑工程中深基坑施工技术管理对策探讨 [J]. 中国建材科技, 2015 (4):
 140-141.

[40] 谢桂华, 高焕强. 谈基于 BIM 的 "互联网+" 施工管理 [J]. 山西建筑, 2017 (9):
 227-228.